より速く強力な**Web**アプリ実現のための

WebAssembly
ガイドブック

日向俊二◉著

カットシステム

はじめに

　WebAssembly は、Web ブラウザのような Web クライアントで素早い動作や反応を実現する技術のひとつです。インターネットに接続していて何かをする際に「遅い」とか「重い」と感じたら検討するべき技術のひとつです。

　現在のところ、WebAssembly は、主に Web ブラウザやスマホのアプリのような Web クライアントで、処理を高速に行うために使われています。しかし、WebAssembly の用途はそれだけにとどまりません。将来は広範な分野で活用されることが期待されている仕様です。

　WebAssembly は使い方がとても簡単で生産性が高いという点でも注目されています。一般的には、アセンブラあるいはアセンブリ言語というと、難しくてちょっとしたことをするにも膨大な命令が必要で生産性が低いととらえられがちです。実際、ほとんどのアセンブリ言語は、ひとつの命令でできることは単純なので、CPU のレジスタと呼ぶ記憶領域やメモリの状態を想像しながら、たくさんのニモニックと呼ばれる命令表現を完璧に羅列しなければなりません。WebAssembly でも、似たようなことをすることは不可能ではありませんが、実際の WebAssembly の活用の場面では、ニモニック（WebAssembly 用語ではリニアアセンブリバイトコード）さえ理解する必要はありません。C 言語や C++、あるいは Rust などの高水準言語のコンパイラが、低水準のことをほとんどすべて自動的にやってくれます。プログラマは、高水準言語でプログラムを作成して WebAssembly のモジュールを作り、それを JavaScript のような高水準言語から呼び出して使うだけです。

　本書は、HTML と JavaScript についての知識が多少あって、C/C++ または Rust である程度プログラミングできる読者を対象に、WebAssembly の役割や使い方を案内するガイドブックです。WebAssembly はまだまだ発展途上の技術なので今後変更されることはありますが、本質的な部分が大幅に変わることはないと想定できます。また、WebAssembly をサポートしていれば特定の実行環境にはほぼ依存しないので、本書で WebAssembly についての知識を深めておき、必要に応じて関連する技術を取り入れていけば、将来的に広く応用できるようになるでしょう。

　本書を活用して WebAssembly プログラミングの世界を覗いてみてください。

2021 年 初夏

著者しるす

■ 本書の表記

数字	説明文の中で 0、1、2、3 のような数で始まる値は 10 進数であることを表します。
0x 数字	説明文の中で 0x12 のような 0x で始まる値は 16 進数であることを表します。ただし、空白をはさんで 16 進数が続く場合（16 進表現のダンプも含む）にはそれぞれの値の前に 0x を付けません。
∟	コマンド出力などで、紙面の都合で 1 行を折り返して印刷していることを表します。
$	OS のコマンドプロンプトを表します。Linux など UNIX 系 OS だけでなく、Windows で実行可能なコマンドラインの場合にも共通したプロンプトを表すものとして使います。
C:¥>	特に Windows のコマンドプロンプトであることを表します（Linux など UNIX 系 OS には適用できません）。
	本文を補足するような説明や、知っておくとよい話題です。

■ 注意事項

- 本書の内容は本書執筆時の状態で記述しています。将来、WebAssembly の仕様やさまざまなツールのバージョンが変わるなど、何らかの理由で記述と実際とが異なる結果となる可能性があります。

- 本書は WebAssembly のすべてのことについて完全に解説するものではありません。必要に応じて WebAssembly のドキュメントなどを参照してください。また、各種ツールとそれが生成するコードについてすべて解説するわけではありません。

- 本書のサンプルは、プログラミングを理解するために掲載するものです。実用的なアプリとして提供するものではありませんので、ユーザーのエラーへの対処やセキュリティー、その他の面で省略してあるところがあります。

動作確認したソフトウェアのバージョン

```
asc 0.18.18
cargo 1.51.0
emcc 2.0.15
npm 6.14.11
rustc 1.51.0
tsc 4.2.3
wasm2wat 1.0.23
WebAssembly Studio BETA
```

■ 本書に関するお問い合わせについて

　本書に関するお問い合わせは、sales@cutt.co.jp にメールでご連絡ください。

　なお、お問い合わせの内容は本書に記述されている範囲に限らせていただきます。特定の環境や特定の目的に対するお問い合わせ等にはお答えできません。あらかじめご了承ください。特に、特定の環境（OS、WebAssembly や関連ツールのバージョン、Web ブラウザ、Web サーバーなどの特定の組み合わせ）についてご質問いただいてもお答えできませんのでご了承ください。

　お問い合わせの際には下記事項を明記してくださいますようお願いいたします。

```
氏名
連絡先メールアドレス
書名
記載ページ
お問い合わせ内容
実行環境
```

第 3 章 C/C++ と WebAssembly …… 39

第6章　Wat …… 135

第7章　アセンブリ …… 167

付録 179

WebAssembly について

この章では、WebAssembly の役割や特徴、実
践的なアプリケーションの実現に必要になる関連
技術などについて概説します。

1.1　WebAssembly の概要

　WebAssembly は、仮想マシンで実行できるバイナリコードとそれを処理するシステム
全体を指します。

■ WebAssembly とは

　Web と Assembly という言葉をつなげると、WebAssembly になります。

　Web は、「蜘蛛の巣」または蜘蛛の巣状のものを指す英語で、コンピュータの世界では、
ネットワークでつながれたコンピュータのシステム全体を指します。ごくごく簡単に言
えばインターネットやイントラネット（組織内ネットワーク）で接続されたシステムの
ことです。

　Assembly はソフトウェアの世界ではアセンブリ言語またはコンパイル済みの実行コー
ドを指します。アセンブリ言語（assembly language）は、慣用的にはアセンブラとも呼
ばれ、機械語あるいはマシン語と訳されることがありますが、必ずしも物理的なマシン
（CPU）が直接実行できる命令とデータではなく、マシンが実行できる命令を広く指しま
す。あるいは、いわゆる高水準言語（高級言語）に対して、最も低いレベルの言語に分
類される言語を指すこともあります。

Note マシンで動作するコード（数値）を組み立てて何らかの動作や機能を持つプログラムを作るこ
とをアセンブル（assemble）といいます。これを手作業で行うことをハンドアセンブル、低
水準の言語からコードを生成することをアセンブル、高水準言語からコードを生成することを
コンパイルと呼ぶことがあります。アセンブルするソフトウェアはアセンブラ、コンパイルす
るソフトウェアはコンパイラです。

　厳密にいえば WebAssembly は「仕様」です。そして、それを実現する方法は実装す
る者に任されています。いいかえると、WebAssembly のバイトコードを実行したりコン
パイルしたりするソフトウェアが仕様に準拠して開発され、WebAssembly のプログラム
の開発や実行にはそれらを使います。また、仕様が変更されると、実行環境や開発ツー
ルなども変更されます。WebAssembly という特定のソフトウェアやツールなどがあるわ

けではなく、WebAssembly を利用する者が必要に応じて必要なものを使って目的を実現するという点を理解しておくことは重要です。

 本書ではさまざまな方法やツールなどを紹介しますが、それらすべてに精通する必要はなく、目的に応じて必要なものごとを理解して使います。

　プログラミング言語の観点からは、WebAssembly の実態は、仮想マシンで実行可能なバイナリコード（命令とデータ）であり、それぞれの命令コードはニモニック（WebAssembly 用語ではリニアアセンブリバイトコード、人間が理解しやすい表現）に対応しています。例えば、16 進数で「6a」という WebAssembly の値は、「i32.add」という表現で表され、「32 ビットの整数を加算する」という命令です。

　しかし、WebAssembly のコードは、必ずしも物理的な CPU の命令と 1 対 1 で対応しているわけではありません。さまざまな環境で実行できるように、特定の CPU の命令へとコード化したものではなく、さまざまな CPU の命令に近い中間コードで表現されていて、そのコードはソフトウェアで実現された仮想マシンで実行されます。

　広義の WebAssembly は、そうした仮想マシンで実行できるコードを中心に、コードを生成し、実行する環境全体を指します。そして、現在のところ、WebAssembly は、Web ブラウザやスマホのアプリのような Web クライアントでアセンブリ言語のプログラムを実行できるようにする技術として主に使われています。

　WebAssembly のコードは数値の羅列です。WebAssembly のバイトコードのファイルの内容を 16 進数で示すと、例えば次のような内容です（このファイルの意味は第 7 章で説明します）。

```
00 61 73 6D 01 00 00 00 01 06 01 60 01 7F 01 7F
03 02 01 00 04 05 01 70 01 01 01 05 03 01 00 11
07 12 02 06 6D 65 6D 6F 72 79 02 00 05 74 77 69
63 65 00 00 0A 09 01 07 00 20 00 41 01 74 0B 00
0B 07 6C 69 6E 6B 69 6E 67 03 01 00 00 0F 04 6E
61 6D 65 01 08 01 00 05 74 77 69 63 65
```

　WebAssembly のプログラムは、このような数値の連続である一連のバイトをバイナ

リファイルに記述して作成することも、リニアアセンブリバイトコードと呼ばれる命令に対応したテキスト表記（Wat）で記述することもできます。しかし、より実践的なWebAssembly のプログラミングには、一般的には、高水準言語の Rust や C 言語あるいは C++ を使ってプログラムを記述して、コンパイラで WebAssembly のコードに変換する方法を使います。また、AssemblyScript というスクリプトとしてプログラムを記述することもできます（それぞれの例は第 2 章以降で示します）。

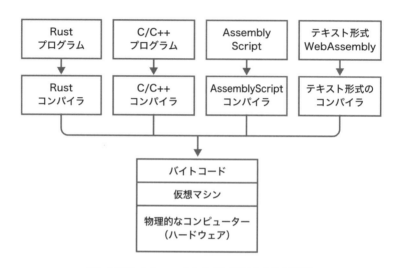

図1.1●WebAssemblyのプログラムと実行環境

　WebAssembly では、仮想マシンが実行できるバイナリコードを「モジュール」と呼びます。

　モジュールという言葉は、一般的にはより広い意味を持ち、特定の機能を持つまとまったソフトウェアやハードウェアのことを指すときなどさまざまな形で使われますが、WebAssembly 用語の「モジュール」は、WebAssembly のバイトコードまたはそのバイナリファイルのことです。

■ WebAssembly の特徴

　WebAssembly の最大の利点は、コンパクトで高速であるという点です。

　WebAssembly は、現実のマシンに近い仮想マシンが実行できる簡潔なコードなので、サイズがとても小さく、ロードに時間もかからないので素早く実行できます。また、さ

まざまな CPU の命令に近い中間コードで表現されているので、さまざまな環境に対応できます。

一方、C/C++ や Rust、JavaScript のような高水準言語は、人間にとっては理解しやすくても、それを実行する CPU にとっては冗長で、特定のマシンが実行できるようにあらかじめ変換（コンパイル）するか、あるいは、実行時にそのマシンで実行できるように解釈することが必要です。

WebAssembly のコードも、実際には、実行する際に仮想マシンコードを個々の現実の環境に応じたコードに変換する必要はありますが、ほぼ実際のマシンが実行できる命令に近い形で表現されているので、そのコストは非常に小さく、高速で処理されます。また、仮想マシンで実行されるので、具体的な特定のハードウェアに制約されず、どのようなシステムでも実行できます。また、仮想マシンの範囲内で実行されるので、コードの安全性も高いといえます。

WebAssembly のバイトコードのもとにするプログラムは、すでに説明したように、さまざまなプログラミング言語で記述することができます。この点もほかにはあまりない優れた点です。

■ WebAssembly の機能

基本的に WebAssembly そのものは、現在のところ整数と実数の計算しかできません。たとえば、高速で座標を計算したり、一連の値を高度なアルゴリズムで暗号化することやエンコード／デコードすることなどはできます。

しかし、高速でグラフィックスを描いたり、高度で複雑なサウンドを鳴らすようなことはできません。このようなことは他の API を利用して実現します。WebAssembly のサンプルの中には複雑なゲームやグラフィックスのサンプルもありますが、それらは WebAssembly を使ってすべてを実現しているのではなく、その中の一部の演算を WebAssembly のモジュールで行っているに過ぎません。グラフィックスの描画やサウンドの再生などの作業は他の技術を使って実現します。なお、メモリの一部を WebAssembly と JavaScript の両方から参照することができるので、WebAssembly と JavaScript でデータを受け渡すことができます。

■ WebAssembly の用途

　前項で述べたことから考えても、現時点では、WebAssembly だけで何かを実現しようとするのは現実的ではありません。例えば、GUI が必要な部分は JavaScript や WebGL を活用して作成して、特に演算の高速化が必要なところだけを WebAssembly で作成するというように、適切な部分だけを WebAssembly で実現するのが現実的です。その点を踏まえて、次のような用途に適しているといえるでしょう。

- グラフィックス
  画像ファイルの変換、2 次元 /3 次元のコンピュータグラフィックスのレンダリングなど、処理量あるいは計算量が多いグラフィックス部分に WebAssembly を利用することで高速化が期待できます。

- 暗号
  比較的高度な暗号化や復号するためには膨大な計算量が必要になります。そのような場合に WebAssembly を利用することで高速化が期待できます。また、例えば JavaScript にデータベースのユーザー名やパスワードを暗号化していない平文で HTML ドキュメントの中に埋め込むのは絶対に避けなければなりませんが、そのような場合にバイナリ情報である WebAssembly を使うことも考えられます。

- モバイル端末など非力なシステム
  消費電力とスペースや放熱の観点から高性能な CPU を採用しにくい計算速度の遅いモバイル端末（例えばスマホやタブレットなど）で WebAssembly を活用することで、パフォーマンスを改善することが期待できます。

■ WebAssembly がもたらす効果

WebAssembly を採用することで、以下のようなことが期待されています。

- 高速化
  最初に期待されることは、もちろんプログラムの高速化です。WebAssembly は実行時の速度が速いのはもちろん、モジュールのサイズが小さいので、プログラムの

ロードにかかる時間も短縮されます。

● サーバーの負荷削減

WebAssembly をクライアントに導入することで、サーバーの負荷を減少させられることも期待されます。例えば、大きな画像ファイルを小さいサイズにしてアイコンやサムネイルとしてサーバーに保存するような場合に、大きな画像ファイルを小さいサイズに変換する処理を、サーバーで行うのではなく、クライアントのWebAssembly プログラムで行ってしまうことで、サーバーの負荷を劇的に減らすことができます。

● ネットワークトラフィックの削減

さまざまな処理をクライアントで行うことによって、ネットワークトラフィックを大幅に減少させることができます。例えば、大きな画像ファイルを小さいサイズにしてクライアントからサーバーに送れば、サーバーへ送るファイルサイズは小さくなり、ネットワークトラフィックを減少させるだけでなく、サーバーのデータベースに保存するまでの時間も劇的に短縮でき、結果として早いアプリが実現します。

1.2　WebAssembly の実行環境

WebAssembly のバイナリコードは、仮想マシンで実行されます。

■スタックマシン

WebAssembly が実行されるマシンは、スタックマシンという種類の仮想マシンです。

スタックマシンは、データをメモリのスタック領域に保存します。スタック領域は、メモリの領域の一定の範囲の下限からデータを順に上に積む構造とみなすことができます。この構造では、データをメモリに保存するときにはメモリの一番上に順次置きます（プッシュするという）。メモリからデータを取り出すときにはメモリの一番上から順に取り出します（ポップするという）。このようなメモリアクセスを LIFO（Last-In First-Out、後入れ先出し）といいます。

スタックマシンでたとえば n1 と n2 を加算するという作業を行う場合、まずメモリの一番上に n1 をプッシュし、さらにその上に n2 をプッシュし、それらをポップして取り出して加算した結果をメモリの一番上にプッシュします。

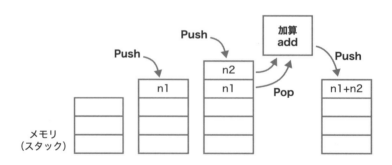

図1.2●スタックマシンの演算のイメージ

スタックマシンでは、スタックと呼ぶメモリ領域の値を扱うので、CPU の種類や CPU の構造とは切り離して、同じ手順同じ命令で操作することができます。

スタックマシンとは異なる仕組みのマシンには、レジスタマシンやアキュムレーターマシンがあります。レジスタマシンは演算するときの値をレジスタという CPU 内部の特別な領域に保存し、アキュムレーターマシンは演算するときの値を CPU 内部のアキュム

レーターという特別な領域に保存します。

　典型的なレジスタマシンとしてよく使われている x86 という種類の CPU では、加算は次の命令で行います。

```
add AL, AH
```

　これは AL という特定のレジスタに保存した値 n1 と、AH というレジスタに保存した n2 を、add 命令を実行して n1 と n2 を加算し、その結果を AL に保存します。CPU のレジスタ構成は CPU ごとに異なるので、このようなレジスタマシンのレジスタの種類や名前と命令は CPU の種類ごとに異なります。そのため、特定の CPU のために作られたアセンブリ言語を CPU の種類ごとに習得する必要があります。

　一方、WebAssembly は共通する仮想的なスタックマシンを使うので、ひとつのコードを学ぶだけですみます（実際には高水準言語から WebAssembly のコードを生成できるので、WebAssembly 用語でリニアアセンブリバイトコード、一般的なアセンブリ言語でニモニックと呼ぶ表現とその使い方を覚える必要さえありません）。

■ WebAssembly の仮想マシン

　WebAssembly を実行するマシンは、ソフトウェアで WebAssembly を実行できるスタックマシンを実現すればよいので、どのような形式でも実現できます。

　現在のところ、誰でも使える WebAssembly のモジュールを実行できるマシンは、主要な Web ブラウザの最近のバージョンに組み込まれています。

　また、（現時点では）条件が限られますが、WebAssembly のバイトコードを実行できるツールもあります。

1.3　WebAssembly と高水準言語

　ここでは、WebAssembly を実践的に使う上で必須となる高水準言語について簡単に説明します。

■高水準言語

　WebAssembly のコードを、WebAssembly という一種のアセンブリ言語や、コード（数値）だけで記述してプログラムを作ることも理論的には可能ですが、その手間やデバッグの難しさからいえば現実的ではありません。WebAssembly では、基本的に Rust または C 言語や C++ のような高水準言語（高級言語）のソースファイルから WebAssembly のバイトコードファイルを生成します。

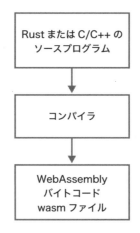

図1.3●WebAssemblyの生成

　そのため、WebAssembly を効果的に利用しようとするならば、Rust または C 言語のいずれか一方は知っている必要があります。本書でも、Rust と C 言語を使って解説します。

　なお、C++ 言語を使うとオブジェクト指向のプログラミングが可能ですが、WebAssembly に変換して使うときには C 言語の関数として呼び出すようにします。

> **Note**
>
> Rust と C/C++ の両方を知っている必要はありません。少なくとも Rust または C 言語の
> いずれか一方を知っていれば WebAssembly を活用できますし、本書もそのような観点から
> 説明します。あるいは AssemblyScript というスクリプト言語を使う方法もあります（第 5
> 章参照）。

■ JavaScript

　WebAssembly の典型的な使い方では、WebAssembly のプログラムを呼び出すために
JavaScript を使います。また、ユーザーの入力を受け取ったり、結果を表示する際にも、
JavaScript を活用するのが普通です。本書でも、WebAssembly の関数を呼び出すために
JavaScript を使います。

図1.4●WebAssemblyコードの実行

■ HTML と CSS

　多くの場合、JavaScript のプログラムは、HTML（HyperText Markup Language）ドキュ
メントに埋め込むか、HTML に JavaScript のファイルを読み込んで実行するようにしま
す。そのため、WebAssembly を利用するために HTML は必須の記述言語であるといえ
ます。また、見栄えを多少でも意識する場合には、CSS（Cascading Style Sheets）が必
要になります。HTML 5 以降は、事実上、HTML と CSS は不可分になっています。

■ AssemblyScript

　AssemblyScript は、TypeScript のサブセットの言語とそれを処理して WebAssembly を生成する処理系を指します。WebAssembly のプログラムを WebAssembly Studio を使って記述することも理論的には可能ですが、実用的な規模のプログラムをすべて AssemblyScript で記述するのは適当ではありません。

　AssemblyScript については第 5 章で説明します。

■ Wat

　WebAssembly はバイナリファイルですが、テキスト形式で表現することもできます。WebAssembly のバイトコードをテキストで表現したものが WAT（WebAssembly Text Format）です。

　Wat については第 6 章で説明します。

■さまざまな言語と WebAssembly

　ここまで述べてきたように、本書ではさまざまなプログラミング言語や記述言語が登場します。しかし、WebAssembly を使う上でそのすべてを知る必要はありません。

　Rust を使う場合は、Rust と JavaScript、そして HTML/CSS を知っていれば使うことができます。

　C 言語と C++ を使う場合は、C/C++ と JavaScript、そして HTML/CSS を知っていれば使うことができます。

　TypeScript や AssemblyScript を使う場合は、高級言語について知らなくてもどうにかなるでしょう。

　第 7 章で紹介するバイナリ形式の WebAssembly については、バイナリレベルでパフォーマンスを最適化したりコンパイラを開発したりするのでなければ、詳細を知る必要はありません。

　そのため、本書は第 1 章と第 2 章を読み終えたら、あとは使用する言語に応じて必要な章を読めば WebAssembly を使うための知識を得ることができます。

　とはいえ、引数やメモリ、WebAssembly に変換される命令についての知見が得られるので、第 7 章を含めてさまざまな章の説明に目を通しておくことは良いことです。

1.4　**WebAssembly オブジェクトと WebAPI**

　WebAssembly のバイトコード（モジュール）の典型的な利用方法は、JavaScript から Web API でモジュールをロードして、WebAssembly オブジェクトを作成して利用する方法です。

■ **WebAssembly オブジェクト**

　JavaScript の標準組込みオブジェクトである WebAssembly オブジェクトには、WebAssembly オブジェクトとサブモジュールがあります。

- WebAssembly
- WebAssembly.Module
- WebAssembly.Instance
- WebAssembly.Memory
- WebAssembly.Table
- WebAssembly.CompileError
- WebAssembly.LinkError
- WebAssembly.RuntimeError

　JavaScript による WebAssembly オブジェクトを使う典型的な手順を次に示します（具体的なプログラムは第 3 章以降で示します）。

```
fetch('sample.wasm').then(response =>
  response.arrayBuffer()
).then(bytes => WebAssembly.instantiate(bytes)).then(results => {
  instance = results.instance;
  instance.exports.func();
}).catch(console.error);
```

　これは、Web API の fetch() を使って、次のような一連のことを行います。

（1）WebAssembly モジュールである sample.wasm をロードする。

（2）WebAssembly.instantiate() で sample.wasm の中に含まれているバイトコードを
その環境で実行できるコードにコンパイルする。

（3）モジュールのインスタンスを作成する。

（4）instance.exports.func() で WebAssembly バイトコード（モジュール）内のエ
クスポートされている関数 main() を実行する。

WebAssembly のバイトコードはすでに仮想マシンで実行できるようにコンパイルされてい
ますが、実際のハードウェアで実行できるコードではありません。そのため、ロードした特定
の環境（通常は特定の CPU 用に実装されている Web ブラウザ）で実行できるように再度コ
ンパイルします。そのための WebAssembly.compile() というメソッドもありますが、コンパイ
ルしてからインスタンスを作成するので WebAssembly.instantiate() だけでコンパイルしてイ
ンスタンスを作成することができるようになっています。WebAssembly を利用する通常の
状況ではこのような詳細に深入りする必要はなく、上記の一連のコードをひとつのパターンと
して理解しておけば十分です。

1.5 WebAssembly と関連技術

ここでは、WebAssembly に直接は関係ないものの、なんらかの関連がある技術について概説します。

■ TypeScript

TypeScript は、JavaScript を拡張して作成されたプログラミング言語で、静的に型付けされ、クラスの作成もできます。静的に型付けされるということは、変数や引数は型を指定して使うことを意味します。これに対して JavaScript のような言語は動的に型付けされる（実行時に変数や引数のデータ型が決まる）ので、型のことをあまり気にしなくて使うことができ、実行時に前に保存したのとは別の型の値を保存できるという特徴がある反面、実行時に型を決めるので実行に時間がかかり、実行してみないとわからない間違いが紛れ込む原因になります。

TypeScript のソースは JavaScript に変換して JavaScript の環境で実行することができます。

また、本書の中で紹介する AssemblyScript は TypeScript をベースにしています。

■ JSON

JSON（JavaScript Object Notation）は、テキストベースのオブジェクトを表記するデータ形式です。

WebAssembly では、プロジェクトのビルドに関する情報などを記述するために使われることがあります。

■ asm.js

すでに説明したように JavaScript はインタープリタで実行される、動的型付けプログラミング言語です。そのため、プログラムを実行しながら個々のデータ型を判定しつつ実行されるので実行速度が遅くなります。

asm.js は、JavaScript をより高速に実行するために開発された JavaScript のサブセッ

トです。asm.js では数値のデータ型を明確にして、事前にコンパイルできるようにすることで高速化を図っています。そのため、数値計算などが JavaScript より若干早くなることが期待されます。また、JavaScript のサブセットなので、asm.js が使えない場合は JavaScript のコードとして処理されるので JavaScript を実行可能な環境であれば実行できるという利点もあります（その場合はもちろん速度は速くなりません）。

　しかし、asm.js を含む JavaScript 系のプログラミング言語はサイズが大きくなる傾向があり、オブジェクト指向のアプローチを使えないなどの問題もあります。これに対して WebAssembly のバイトコードはコードのサイズが asm.js より小さい場合が多く、オブジェクト指向プログラミングのような複雑なこともこなすことができます。

　Rust や C/C++、AssemblyScript などを WebAssembly のバイトコードに変換して活用する過程で asm.js は登場しないので、本書では asm.js については扱いません。

■ Node.js

　Node.js について、https://nodejs.org/ja/about/ では、「Node.js はスケーラブルなネットワークアプリケーションを構築するために設計された非同期型のイベント駆動の JavaScript 環境です。」と説明しています。別の言い方をするなら、Node.js は Web サーバーで JavaScript を実行する環境ですが、より広くとらえると Web ブラウザのようなクライアント以外で JavaScript を実行する環境です。

　WebAssembly は Node.js のような Web ブラウザ以外の環境でも利用することが計画されています。

　また、WebAssembly では、Node.js のパッケージマネージャである npm（Node Package Manager）を利用することがあります（ただし、本書では Node.js そのものについては扱いません）。

■ Web サーバー側のプログラミング

　Web サーバー側のプログラミングには PHP がよく使われますが、PHP はインタープリタ型の動的型付け言語であるため、実行時の速度がかなり遅い傾向にあります。そのような Web サーバー側の問題は、例えば Go 言語や Rust のようなコンパイラ型の言語を活用することで問題を容易に解決できる場合があります。

　本書では Web サーバー側のプログラミングについては触れませんが、Web アプリケー

ション全体の速さを考える際には、クライアント側で WebAssembly を採用するだけで
なく、Web サーバー側のパフォーマンスも考慮する必要があります。

■ WebAPI

Web API（Web Application Programming Interface）は、HTTP のような Web の技術
を使って Web 上で公開されている機能や情報を利用できるようにするインタフェースで
す。

WebAssembly では、たとえば JavaScript コードで Fetch API に含まれる fetch() を使
いますが、これは WebAssembly のモジュールをロードするように HTTP リクエストを
発行して結果を受け取ります。

ほかにも、たとえば、XML ドキュメントを扱う DOM（Document Object Model）、2D
と 3D のグラフィックスを扱う WebGL（Web Graphics Library）、ウェブ上でオーディオ
を扱う Web Audio API など、さまざまな API を WebAssembly で利用することができま
す。

これらの Web API は、WebAssembly に直接関係しているわけではありません。た
とえば、WebGL で HTML の <canvas> 要素に複雑なグラフィックスを描画すること
ができますが、その場合、WebAssembly で行うことは座標や色の計算だけであって、
WebAssembly でグラフィックスを描画するわけではありません。グラフィックスを描画
するためには WebGL を使い、そのために必要な計算を WebAssembly で行います。

このような WebAssembly と直接関連していない技術については本書では説明しませ
ん。WebAssembly について理解したうえでそれぞれの技術を学ぶ必要があります。

WebAssembly には、さまざまな仕様、言語、プロジェクト、ソフトウェア、ツールなどが
関連していますが、WebAssembly を活用するためにそのすべてを習得する必要はありませ
ん。自分の目的を見極め、そのことについて調べて必要と思われる事項を習得すればよいの
です。

WebAssembly のツール

WebAssembly の学習や開発にはさまざまなツール
を使うことができます。ここでは WebAssembly
の開発に関連したさまざまなツールについて概説し
ます。

2.1 WebAssembly Studio

WebAssembly Studio は、Web サイト上で Web Assembly の開発ができるサイトです。

■ WebAssembly Studio とは

WebAssembly Studio では、C 言語や Rust などを使って WebAssembly のコードを生成して試してみることができます。

WebAssembly Studio の最大の特徴は、コンパイラやツールをインストールしたり、環境を作るための設定をしたりしなくても、Web ブラウザでインターネットに接続できさえすれば使うことができるという点です。

次の図は、C 言語のプロジェクトを生成して作業している際に wasm のコードを表示した例です。ここまで行うために、ローカルマシンでの事前の準備は何も必要ありません。

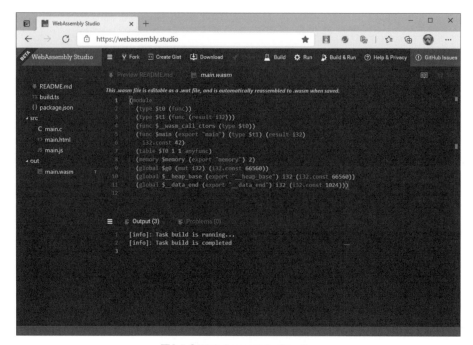

図2.1●WebAssembly Studio

WebAssembly Studio では、C 言語と Rust の他に AssemblyScript と Wat のプロジェク

トを扱うことができます。

■ WebAssembly Studio のバージョン

　現在のところ、WebAssembly Studio はベータ（Beta）版です。ベータ版は正式版をリリースする前の試用を目的としたバージョンなので、将来、さまざまな点で変更される可能性があります。また、本書の範囲内の作業ではめったにありませんが、不具合が発生する可能性があります。そのため、ベータ版で作成したプロジェクトを実用に供するときには、念のため、細部にわたって検討することが必要です。

ここで説明するのは本書執筆時点での状況です。WebAssembly Studio は将来変更されることがあります。

■ WebAssembly Studio の使い方

　WebAssembly Studio を使い始めるために必要なことは、Web ブラウザで次のサイトを開くだけです。

```
https://webassembly.studio/
```

このサイトにアクセスすると、「Create New Project」ダイアログボックスが開きます。

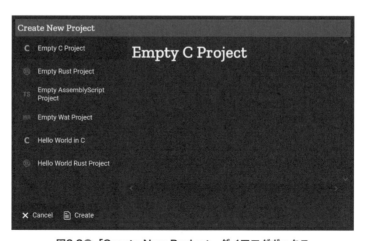

図2.2● 「Create New Project」ダイアログボックス

このダイアログボックスを表示したら、これから作業しようとしている言語を選びます。例えば、C 言語を使うならば「Empty C Project」を選択して「Create」をクリックします。すると、C 言語のプロジェクトに必要な初期ファイルが生成されます。

プロジェクトを作成して必要なコードを追加したら、右上の「GitHub Issues」の下にある [Save] をクリックして変更をサーバー上に保存します。

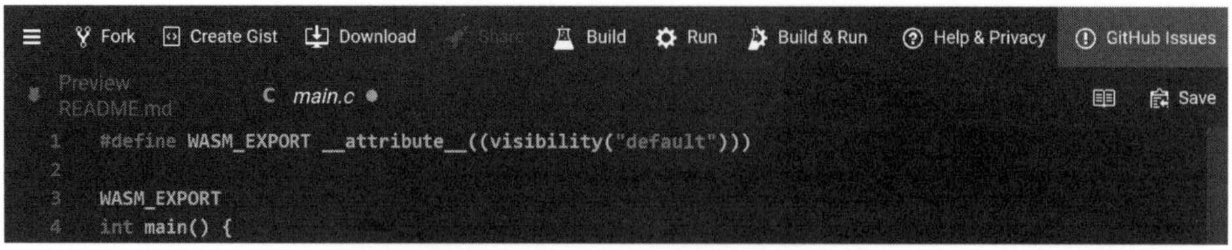

図2.3●WebAssembly Studioのメニュー

そして、上部のメニューバーにある「Build」で WebAssembly のコードを生成でき、「Run」で実行してみることができます。また、「Download」でプロジェクトのファイル一式をローカルマシンにダウンロードすることができます（具体的な例は第 3 章以降で示します）。

■ C 言語のプロジェクト

WebAssembly Studio を使って C 言語のプロジェクトを作成して利用することができます。

WebAssembly Studio の「Create New Project」ダイアログボックスで「Empty C Project」を選択して「Create」を押します。すると、C 言語のプロジェクトに必要な初期ソースファイルが生成されます。

生成されるファイルは次の通りです。

- `main.c`
- `main.html`
- `main.js`

`main.c` の C 言語のコードは WebAssembly のバイトコードファイル（モジュール）に変換され、`main.html` の中に読み込まれる `main.js` に記述された JavaScript コードでモ

ジュールが読み込まれて実行されます。

　このプロジェクトをビルドすると、次のWebAssemblyバイトコード(モジュール)ファイルが生成されます。

- `main.wasm`

　このプロジェクトはこのまま実行してみることができます。

　これらのファイルの内容については第3章で説明します。

■ Rust のプロジェクト

　WebAssembly Studio の「Create New Project」ダイアログボックスで「Empty Rust Project」を選択して「Create」を押します。すると、Rustのプロジェクトに必要な初期ソースファイルが生成されます。

　生成されるファイルは次の通りです。

- `main.rs`
- `main.html`
- `main.js`

　`main.rs` の Rust のコードは WebAssembly のバイトコードファイル（モジュール）に変換され、`main.html` の中に読み込まれる `main.js` に記述された JavaScript コードでモジュールが読み込まれて実行されます。

　このプロジェクトをビルドすると、次のWebAssemblyバイトコード(モジュール)ファイルが生成されます。

- `main.wasm`

　このプロジェクトもこのまま実行してみることができます。

　これらのファイルの内容については第4章で説明します。

■ AssemblyScript のプロジェクト

　WebAssembly Studio で AssemblyScript のプロジェクトを作成して実行することができます。

　WebAssembly Studio で、「Empty AssemblyScript Project」を選択すると、「assembly」セクションに次のような一連のファイルが生成されます。

- `main.ts`
- `tsconfig.json`
- `gulpfile.js`
- `package.json`
- `setup.js`

　また、「src」セクションに次のようなファイルが生成されます。

- `main.html`
- `main.js`

　これらのファイルのうち、main.ts、main.html、main.js はプロジェクトのソースファイル、そのほかの js ファイルはサポート JavaScript のファイル、json ファイルは設定ファイルです。

　このプロジェクトをビルドすると、次の WebAssembly バイトコード（モジュール）ファイルが生成されて、実行してみることができます。

- `main.wasm`
- `main.wasm.map`

　これらのファイルのうち、主なファイルの内容については第 5 章で説明します。

■ WAT のプロジェクト

　WebAssembly はバイナリファイルですが、テキスト形式で表現することもできます。テキストで表現した WebAssembly が WAT（WebAssembly Text Format）です。

　WebAssembly Studio で、「Empty Wat Project」を選択すると、次のような一連のファイルが生成されます。

- build.ts
- package.json

　また、「src」セクションに次のようなファイルが生成されます。

- main.html
- main.js
- main.wat

　このプロジェクトをビルドすると、次の WebAssembly バイトコード(モジュール)ファイルが生成されて、実行してみることができます。

- main.wasm

　これらのファイルの内容については第 6 章で説明します。

C 言語や Rust のプロジェクトで WebAssembly のバイナリファイル（.wasm ファイル）を生成した場合にも、.wasm ファイルを選択すると Wat 形式のコードが表示されます。

2.2　コンパイラ

　高水準言語のコンパイラで WebAssembly のバイトコードファイル（.wasm ファイル）を生成することができます。

■ Emscripten

　WebAssembly のための一連のコンパイルツール（ツールチェーン）である Emscripten に含まれるコンパイラのコマンド emcc で、C 言語のソースファイルから WebAssembly バイトコード（モジュール）ファイルを生成することができます。

　たとえば、次のようなコマンドラインを実行します。

```
$ emcc -o wasm.js main.c -s WASM=1 -s NO_EXIT_RUNTIME=1
```

　具体的な例は第 3 章で解説します。

■ rustc

　Rust 言語のコンパイラ rustc で、Rust 言語のソースファイルから WebAssembly バイトコード（モジュール）ファイルを生成することができます。

　たとえば、次のようなコマンドラインを実行します。

```
$ rustc --target wasm32-unknown-unknown twice.rs -C opt-level=1
```

　具体的な例は第 4 章で解説します。

■ go

　Go 言語も WebAssembly をサポートします。Go 言語のソースをコンパイルするときには、Go 言語のコマンド go に build を指定してコンパイルします。たとえば、次のよ

うにして WebAssembly のバイトコードファイル（.wasm）を生成します。

```
set GOARCH=wasm
set GOOS=js
go build -o main.wasm main.go
```

 Go 言語については現時点ではツールやドキュメントが必ずしも十分整備されているとはいえないので、本書ではこれ以上は言及しません。

2.3 プロジェクト／パッケージマネージャ

　ファイル単独ではなく、一連のファイルからなるプロジェクトやパッケージを管理するマネージャを使うこともできます。

■ cargo

　cargo は Rust 言語のプロジェクトの管理ツールです。cargo を使って Rust のプロジェクトを生成したり、WebAssembly バイトコード（モジュール）ファイルを生成することができます。

　最初に、たとえば次のようなコマンドラインを実行してプロジェクトを作成します。

```
$ cargo new --lib rustwasm
```

　そして、次のようなコマンドラインで WebAssembly バイトコード（モジュール）ファイルを生成します。

```
$ cargo build --target=wasm32-unknown-unknown --release
```

具体的な例は第 4 章で解説します。

■ npm

npm（Node Package Manager）は、Node.js のパッケージを管理するツールです。

例えば、AssemblyScript のプロジェクトを生成したり管理するときに使います。具体的な例は第 5 章で示します。

2.4　WABT

WABT は WebAssembly で使用可能なさまざまなツールキットです。ここでは WABT（The WebAssembly Binary Toolkit）について概説します。

■ WABT の概要

WABT（The WebAssembly Binary Toolkit）は、WebAssembly で使用可能なさまざまな言語間で変換したり、WebAssembly モジュールの情報を取り出すことができる一連のツールから構成されるツールキットです。

WABT は以下の WebAssembly のツールを含みます。

wat2wasm

テキスト形式の WebAssembly ファイル（.wat ファイル）を WebAssembly バイナリに変換します。.wat ファイルについては第 6 章で説明します。

wasm2wat

WebAssembly バイナリ（モジュール）を .wat ファイルに変換します。

wasm-objdump

WebAssembly バイナリに関する情報を出力します。UNIX 系 OS のオブジェクトファイルの情報を出力するコマンド objdump に似ているツールです。

wasm-interp

スタックベースのインタープリタを使って WebAssembly バイナリファイルをデコードして実行します。

次の例は、WebAssembly のバイトコードファイル test.wasm を読み込んで型チェックします。

```
$ wasm-interp test.wasm
```

次の例は、test.wasm を読み込んですべてのエクスポートされた関数を実行します。

```
$ wasm-interp test.wasm --run-all-exports
```

次の例は、test.wasm を読み込んですべてのエクスポート関数を実行し出力をトレースします。

```
$ wasm-interp test.wasm --run-all-exports --trace
```

次の例は、test.wasm を読み込んでスタックサイズを 100 要素に設定してすべてのエクスポート関数を実行します。

```
$ wasm-interp test.wasm -V 100 --run-all-exports
```

wasm-decompile

WebAssembly バイナリを読み取り可能な C 言語風のシンタックスに逆コンパイルします。

wat-desugar

S 式、フラットシンタックス（flat syntax）、それらが混在して書かれたテキスト形式の WebAssembly ファイルを簡潔なフラットシンタックス形式で出力します。

wasm2c

WebAssembly ファイルを、C 言語のソースファイルとヘッダーファイルに変換します。

wasm-strip

WebAssembly バイナリファイルのセクションを削除します。

次の例は、test.wasm のカスタムセクション（第 7 章で説明）をすべて削除する例です。

```
$ wasm-strip test.wasm
```

このようにしてセクションを削除することでファイルサイズが小さくなります。次の例は test.wasm のカスタムセクションを削除することでサイズが小さくなったことを示す例です（出力は一部省略）。

```
C:\wasm\ch02\test>dir
2021/05/02  14:44    <DIR>          .
2021/05/02  14:44    <DIR>          ..
2021/03/23  08:40              172 test.rs
2021/05/02  14:44              134 test.wasm

C:\wasm\ch02\test>wasm-strip test.wasm

C:\wasm\ch02\test>dir
2021/05/02  14:44    <DIR>          .
2021/05/02  14:44    <DIR>          ..
2021/03/23  08:40              172 test.rs
2021/05/02  14:50              117 test.wasm
```

この例の場合、test.wasm のサイズは 134 バイトから 117 バイトになっています。

wasm-validate

WebAssembly バイナリ形式のファイルを検証します。問題がなければ何も出力されません。

wast2json

スペックテストフォーマットで書かれたファイルを、JSON ファイルと関連する WebAssembly バイナリファイルに変換します。

wasm-opcodecnt

インストラクションに使われている命令コード（opcode）をカウントします。

次の例は、test.wasm を読み込んで命令コードが使われている回数に関する情報出力します。

```
$ wasm-opcodecnt test.wasm -o test.dist
```

たとえば、次のように出力されます。

```
Total opcodes: 4

Opcode counts:
end: 1
local.get: 1
i32.const: 1
i32.shl: 1

Opcode counts with immediates:
end: 1
local.get 0: 1
i32.const 1 (0x1): 1
i32.shl: 1
```

spectest-interp

Spectest JSON ファイルを読み込んで、インタープリタの中でそのテストを実行します。

WABT の主なツールの使い方はあとの章で具体的に示します。

2.5　言語と手段の選択

WebAssembly を使うときには、選択できるプログラミング言語がいろいろあり、ひとつの言語でも複数のやり方があります。そのため、プログラムの目的や規模によって適切な組み合わせを選択する必要があります。

■言語とビルドツールの組み合わせ

プログラミング言語と主なビルドツールの代表的な組み合わせを以下の表に示します。

表2.1●WebAssembly開発の言語とビルドツール

言語	ビルドツール
C/C++	WebAssembly Studio
	emcc（Emscripten）
Rust	WebAssembly Studio
	rustc
	cargo
AssemblyScript	WebAssembly Studio
	asc
	npm run asbuild
WAT	WebAssembly Studio
	wat2wasm（WABT）

一般的には、小規模なプロジェクトであれば WebAssembly Studio を利用すると効率的です。プロジェクトの規模が大きい場合や、複雑な HTML と JavaScript を使う場合は、パッケージマネージャやコンパイラを使うのが適切でしょう。

■言語の選択

前提条件をいっさい付けないと仮定すると、Rust を使うのが多くの場合に適切でしょう。Rust は C/C++ と比較してかなり容易に安全なプログラミングができます。

C/C++ に熟達しているか、あるいは、C/C++ の既存のプログラムを WebAssembly に

移植する場合は、C/C++ を使うことになるでしょう。

　JavaScript や TypeScript の既存のコードを WebAssembly に移植する場合は、AssemblyScript を使うのが適しているでしょう。

　高水準言語が得意ではなくてアセンブリ言語に熟達していて、高水準言語を学ばないで WebAssembly を試してみたい場合は、Wat（テキスト形式の WebAssembly）を選択することも考えられます。

2.6　Web サーバーと Web ブラウザ

　WebAssembly のバイトコードは Web サーバー経由でロードします。また、WebAssembly の開発や問題解決に Web ブラウザの機能を使うことができます。

■ Web サーバー

　通常、JavaScript を含む HTML はファイルシステムから直接表示することができます。つまり、ローカルファイルを Web ブラウザで開くだけで基本的な HTML ページを表示して JavaScript のプログラムを実行することができます。

　しかし、WebAssembly のバイトコードはローカルファイルを Web ブラウザで直接開くだけでは実行できません。Web サーバーから Web ブラウザに送るようにすることではじめて実行できます。

　その理由は、WebAssembly のバイトコードファイルを Web ブラウザで読み込むときに fetch() を使いますが、この fetch() は、ファイルにアクセスする「file URI Scheme」ではなく、HTTP リクエストを発行して結果を得る「http URI Scheme」で機能するからです（fetch() の具体的な例は後の章で示します）。

　そのため、たとえ開発中に動作を確認するためであっても、Web サーバーを起動して Web サーバー経由で HTML ファイルにアクセスしなければなりません（ただし、2.1 節「WebAssembly Studio」で説明した WebAssembly Studio を使用する場合を除く）。

　本書で説明することを実際に試すには、Web ページの中に埋め込んだ JavaScript のプログラムを実行できる Web サーバーを準備する必要があります。

　ソフトウェアとしての Web サーバーとして代表的なものは、Apache と IIS（Internet Information Services）です。Apache は、世界で最も人気のある Web サーバーなので、一般的には Apache を使うとよいでしょう。Windows では IIS があらかじめインストールされている場合があります。

　本書のプログラミングを学習するうえで使うことができる具体的な Web サーバーシステムの形態としては、ローカルサーバー、レンタルサーバー、自前の公開サーバーなどがあります。

ローカルサーバー

　PC を用意して、Apache や IIS などを起動して Web サーバーとして機能するようにしておきます。そして、その同じ PC でアドレスを「localhost」とすることでアクセスしてスクリプトを実行して Web ブラウザに表示します。あるいは LAN で接続したマシンから Web サーバーのアドレスを指定してアクセスします。

　HTML を保存する Web サーバーの典型的なディレクトリは次の通りです（これとは異なる場合もあり、また設定により変更できます）。

表2.2 ● HTMLを保存するWebサーバーの典型的なディレクトリ

システム	典型的なディレクトリ
Windows/Apache	C:¥Apache24¥htdocs
Windows/IIS	C:¥inetpub¥wwwroot
Windows/XAMPP	C:¥xampp¥htdocs
Linux/Apache	/var/www/html

　ローカル Web サーバーを使う場合は、Web サーバーが準備できたら、作成した HTML ファイルと WebAssembly のバイトコードファイル（.wasm ファイル）を上記のような HTML を保存する Web サーバーの典型的なディレクトリに保存します。

　そして Web サーバーを起動します。準備した環境に応じて Web サーバーが Apache なら ApacheMonitor や XAMPP Control Panel などで Apache をスタートさせるか、IIS をスタートするか、あるいは Linux でコマンド「sudo systemctl start apache2」を実行するなどして Web サーバーを起動します。なお、システムによっては、システムの起動時に Web サーバーがスタートするように設定されている場合もあります。

　Web サーバーが起動したら、Web ブラウザを起動して、アドレスバーに WebAssembly のモジュールを読み込むように JavaScript コードを記述した HTML ファ

イルのアドレス（たとえば「localhost/ch03/twice/src/main.html」）を入力します。すると Web サーバー上の HTML ファイルが表示され JavaScript のコードが実行されて WebAssembly のコードが実行されるはずです。LAN で接続した別のマシンにファイルを保存した場合は、そのマシンの Web サーバーを起動して、そのマシンのアドレスに続けてディレクトリとファイル名をたとえば「192.168.11.12/ch03/twice/src/main.html」とアドレスバーに入力します。

　WebAssembly の学習や、公開するサイトを準備するときのテスト環境として、他に理由がなければベストの方法です。本書では原則としてこの方法を前提に説明を進めます。

レンタルサーバー

　あらかじめ用意されている Web サーバーを借りるという方法もあります。

　レンタルサーバーには有料のものと無料のものがあり、その多くは自分のドメインを設定することもできます。ただし、レンタルサーバーの中には、WebAssembly のバイトコードファイルのリクエストに対応していないなどの制限がある場合があります。

　レンタルサーバーなど外部の Web サーバーを使う場合は、まず Web サーバーに FTP ソフトウェアなどを使って HTML と WebAssembly のバイトコードファイル（.wasm ファイル）をアップロードしてから、Web ブラウザのアドレスバーでサーバーのアドレスに続けてファイルの場所を指定します。

自前の公開サーバー

　常時インターネットに接続しておく PC とドメインを用意して、Web サーバーを公開します。この方法ならば、誰でもどこからでもアクセスできるうえに、将来本書の範囲を超えてやりたいことがあったときに、制約なしで何でもできます。ただし、公開する Web サーバーを用意して運用することはかなりの手間暇がかかります。少なくとも常に運用状況を監視できる体制にしておかないと、予期しない重大な事態が発生する可能性があります。そのため、初心者にはお勧めしません。

ビルトインサーバー

　Emscripten に含まれるコマンド npx で HTTP サーバーを利用することもできます。

　emsdk_env.bat または emsdk_env.sh などを実行して Emscripten のツールを利用できるようにして、HTML があるディレクトリで次のコマンドを実行します。

```
$ npx http-server .
```

Note 起動するまでに少々時間がかかる場合があります。

起動したら、次のようなメッセージが表示されるはずです。

```
C:¥wasm¥ch03¥twice¥src>npx http-server .
npx: installed 30 in 143.115s
Starting up http-server, serving .
Available on:
  http://192.168.11.10:8080
  http://127.0.0.1:8080
Hit CTRL-C to stop the server
```

　これでカレントディレクトリがドキュメントのルートとなる HTTP サーバーが起動しました。

　この HTTP サーバーを終了するときは、このサーバーを起動したコンソール（コマンドプロンプトウィンドウ）でキーボードの Ctrl キーを押しながら C キーを押します。

　上のように実行した場合、アドレスバーに「localhost:8080/main.html」と入力すれば、「C:¥wasm¥ch03¥twice¥src¥main.html」が表示されます。

　また、PHP には、公開するサイトに使う目的ではなく、作成中のサイトのテストなどに使うことを目的としたビルトイン Web サーバーが組み込まれています。このビルトインサーバーは PHP 5.4.0 以降で使うことができます。

　PHP ビルトインの Web サーバーを使う場合は、まずビルトインサーバーをコマンドラインから起動します。ビルトインサーバーを起動するには、-S オプションとホスト名、ポート番号を引数に指定して php を実行します。

```
>php -S hostname:portnumber
```

　たとえば、ホスト名を localhost、ポート番号を 8080 として次のように実行します。

```
>php -S localhost:8080
[Tue Mar 16 15:59:34 2021] PHP 7.4.15 Development Server (http://localhost:8080)
started
```

これでメッセージの最後に「started」と表示されればサーバーが起動しています（メッセージの詳細は PHP のバージョンによって異なります）。

ビルトインサーバーをファイル名を指定しないで起動した場合、起動したカレントディレクトリがドキュメントのルートになります。つまり、カレントディレクトリが例えば「C:¥wasm」である場合には、Web ブラウザのアドレスバーに「localhost:8080/ch03/twice/src/main.html」と入力すれば、C:¥wasm¥ch03¥twice¥src¥main.html が表示されます。

Web ブラウザのアドレスバーに入力した URI リクエストにファイル名が含まれない場合（たとえば単に localhost とした場合）は、カレントディレクトリまたは指定したディレクトリにある index.html か index.php（PHP に対応している Web サーバーの場合）が Web ブラウザに表示されます。

ビルトインサーバーの起動時にファイルを指定すると、デフォルトでそのファイルが表示されます。たとえば、次のように起動したとします。

```
>php -S localhost:8080 ./ch03/twice/src/main.html
```

このようにすると、localhost:8080 と入力すれば「./ch03/twice/src/main.html」が表示されます。

ビルトインサーバーを終了するときは、ビルトインサーバーを起動したコンソール（コマンドプロンプトウィンドウ）でキーボードの Ctrl キーを押しながら C キーを押します。

■ Web ブラウザの開発サポート

Google Chrome、Mozilla Firefox、Microsoft Edge などの WebAssembly に対応している Web ブラウザは、JavaScript を含む Web ページの開発をサポートする機能を備えています。

例えば、Firefox のアプリケーションメニューの「その他のツール」以下を見ると、「ウェ

ブ開発ツール」というメニュー項目があります（バージョンによって詳細は異なります）。

図2.4●Firefoxの「ウェブ開発ツール」メニュー項目

Firefox で「ウェブ開発ツール」を選択すると次の図に示すような情報が表示されます。

図2.5●Firefoxの「ウェブ開発ツール」

Microsoft Edge では、メニューから「その他のツール」→「開発者ツール」を選択することによって同様の開発に役立つ機能を使うことができます。

Google Chrome では、メニューから「その他のツール」→「デベロッパーツール」を選択することによって同様の開発に役立つ機能を使うことができます。

これらの Web ブラウザの機能を使って、WebAssembly を扱うプログラム（スクリプト）のエラーの場所と原因を特定したり、ログを見たりすることができます。

C/C++ と
WebAssembly

この章ではプログラミング言語として C/C++ を
使って WebAssembly のファイルを生成して実行
する方法を説明します。Rust で WebAssembly
を活用する場合はこの章を飛ばして第 4 章に進ん
でもかまいません。

3.1　C/C++ の概要

最初に、C/C++ について簡単に説明します。

C 言語は、比較的低水準の作業もできる高水準プログラミング言語です。

C++ は、C 言語にクラスを導入してオブジェクト指向のプログラミングを可能にしたプログラミング言語です（古くは C++ は C 言語コンパイラのプリプロセッサとして実装されました）。

C 言語と C++（以下 C/C++）は、現代も使われているプログラミング言語としては歴史が比較的長く、さまざまな用途に使われています。

C/C++ は WebAssembly のバイナリファイルを生成するためのプログラミング言語としても使うことができます。本書では C/C++ のこの側面に焦点を当てます。

■ C/C++ の特徴

C/C++ には次のような特徴があります。

歴史ある言語

C 言語は昔から使われているプログラミング言語です。C++ はその後に誕生しました。いずれも標準化が進み、モダンなテクニックが導入されています。

C 言語は昔から使われているために、膨大なプログラミング資産があります。

また、特に C 言語は、歴史的にプログラミングの基礎教育の現場で広く使われてきました。

高速

C/C++ には作成したプログラムの実行速度が極めて速いという特徴があります。これには、コンパイラ言語であることや、ガーベジコレクションと呼ぶ使わなくなったメモリを整理する部分がないことなど、さまざまな理由があります。

高速な言語はほかにもありますが、適切に使えば高速という点で C/C++ は他を凌駕しているといって良いでしょう。

低レベルの操作

C/C++ は他の高水準言語と比べて低水準の作業もできるという特徴があります。たとえば、メモリに直接アクセスすることができます。その反面、メモリアクセスで十分注意を払わないと、予期しない動作になったり、保護されるべき情報があらわになったりすることがあります。

多くのプラットフォームに対応

C/C++ は、Windows、Linux、mac OS など、さまざまなプラットフォームに対応しています。また、Android や iOS などで実行できるプログラムも開発することができます。ただし、プラットフォームごとに実行時ライブラリやシステムコールが異なるので、ひとつのソースファイルで完全に多様なプラットフォームに対応できるわけではありません。

コンパイラ言語

C/C++ はコンパイラを使うコンパイラ言語なので、実行速度が早く、またコンパイル時に多くの問題を検出することができます。そのため、デバッグに余計な時間を費やすことが少なくなります。

C/C++ のソースファイルは、Emscripten や WebAssembly Studio で WebAssembly のバイナリファイルにコンパイルすることができます。

多数の C/C++ ライブラリを利用可能

公開されているさまざまな C/C++ のライブラリを利用することができます。それらを利用することで、たとえば、Web アプリや GUI アプリなど、さまざまな種類のプログラムを作成することができます。

3.2　WebAssembly Studio のプロジェクト

ここでは WebAssembly Studio を使って C 言語から WebAssembly のバイトコード（モジュール）ファイルを生成して使うプロジェクトについて説明します。

■新規プロジェクトの生成

WebAssembly Studio の「Create New Project」ダイアログボックスで「Empty C Project」を選択して「Create」をクリックします。すると、C 言語のプロジェクトに必要な初期ソースファイルが生成されます。

生成されるファイルは次の通りです。

- main.c
- main.html
- main.js

main.c

main.c はこれから WebAssembly のバイナリファイルを生成するもととなる C 言語のソースファイルです。

main.c の初期の内容は以下の通りです。

リスト 3.1 ● main.c

```
#define WASM_EXPORT __attribute__((visibility("default")))

WASM_EXPORT
int main() {
  return 42;
}
```

最初に、WASM_EXPORT として __attribute__((visibility("default"))) を定義しています。これは関数が WebAssembly のバイナリからエクスポートされて、JavaScript から

見えるようにします。

WebAssembly Studio で自動的に生成される関数 main() は、単に整数 42 を返します（ここでは 42 になっていますが、これは必ずしも 42 でなくてもかまいません）。

main.html

main.html は、Web ブラウザがこのプロジェクトのあるサイトにアクセスした際に表示される HTML ドキュメントです。

main.html の初期の内容は以下の通りです。

リスト 3.2 ● main.html

```
<!DOCTYPE html>
<html>
<head>
  <meta charset="utf-8">
  <style>
    body {
      background-color: rgb(255, 255, 255);
    }
  </style>
</head>
<body>
  <span id="container"></span>
  <script src="./main.js"></script>
</body>
</html>
```

<style> タグで Body の背景色を白（background-color: rgb(255, 255, 255)）にしていますが、これはもちろん変更してかまいません（変更したらコードのウィンドウの右上のほうにある「Save」で保存します）。

<body> タグの中でやっていることは、id が "container" である <span> タグを定義することと、このあとで説明する main.js をロードすることだけです。

main.js

　main.js は、WebAssembly のバイナリファイルをロードして実行するための JavaScript のファイルです。

　main.js の初期の内容は以下の通りです。

リスト 3.3 ● main.js

```
fetch('../out/main.wasm').then(response =>
  response.arrayBuffer()
).then(bytes => WebAssembly.instantiate(bytes)).then(results => {
  instance = results.instance;
  document.getElementById("container").textContent = instance.exports.main();
}).catch(console.error);
```

　これは、fetch('../out/main.wasm') でサブディレクトリ out にある main.wasm をロードしています。そして、main.wasm の中に含まれているバイトコードをその環境で実行できるコードにコンパイルし、インスタンスを生成して、instance.exports.main() で関数 main() を実行して返された値（この例では 42）を HTML ファイルの <body> タグの中の id が "container" である <span> タグに表示します。

　このプロジェクトを「build」してから「Run」を選択するか、あるいは「Build & Run」を選択すると、右下のウィンドウに「42」と表示されるはずです。

　より分かりやすくするなら、リスト 2.2 の main.html と、リスト 2.3 の main.js を統合して、次のようにしてもかまいません。

リスト 3.4 ● marged.html（main.html と main.js を統合したリスト）

```
<!DOCTYPE html>
<html>

<head>
    <meta charset="utf-8">
    <style>
        body {
            background-color: rgb(255, 255, 255);
        }
    </style>
```

```
</head>

<body>
    <span id="container"></span>
    <script> // もとは<script src="./main.js">
        fetch('../out/main.wasm').then(response =>
            response.arrayBuffer()
        ).then(bytes => WebAssembly.instantiate(bytes)).then(results => {
            instance = results.instance;
            document.getElementById("container").textContent
                                          └ = instance.exports.main();
        }).catch(console.error);
    </script>
</body>

</html>
```

■ twice プロジェクト

　ここでは、WebAssembly Studio で生成される「Empty C Project」のファイルを少し変更して、入力された値を 2 倍する次の図に示すような単純なプロジェクトを作成します。

図3.1●twiceプログラムをWebAssembly Studioで実行する例

　入力された値を 2 倍する関数は C 言語プログラムとして作成し、それから生成した WebAssembly のバイトコードを JavaScript で使うようにします。

初めに、main.c の中に、引数の値を 2 倍する関数 twice() を追加します。

```
WASM_EXPORT
int twice(int x)
{
  return x * 2;
}
```

関数 twice() には WASM_EXPORT を指定して JavaScript から見えるようにします。

main.c 全体は以下の通りになります（WebAssembly Studio で「Save」をクリックして保存します）。

リスト 3.5 ● main.c

```
#define WASM_EXPORT __attribute__((visibility("default")))

WASM_EXPORT
int main() {
  return 42;
}

WASM_EXPORT
int twice(int x)
{
  return x * 2;
}
```

HTML には、最初に 2 個の <input> 要素を追加します。

```
<input type="number" id="num" value="1" step="1" />
<input type="button" value="計算" onclick="onClick();" />
```

そして WebAssembly バイトコードをロードして表示するための JavaScript のスクリプト main.js を HTML の中に持って来て（main.html と main.js を統合して）、関数 twice() を実行した後で掛け算の結果を表示するようにします。

```
// 関数を呼び出す
y = instance.exports.twice(x);

// 結果を出力する
document.getElementById("outtxt").innerHTML = x + "を2倍すると" + y;
```

HTML 全体は次のようになります。

リスト 3.6 ● main.html

```
<!DOCTYPE html>
<html>

<head>
  <meta http-equiv="Content-Type" content="text/html; charset=UTF-8" />
  <meta http-equiv="cache-control" content="no-cache">
  <title>CとWebAssemblyのテスト</title>
  <style>
    body {
      background-color: rgb(255, 255, 255);
    }
  </style>
</head>

<body>
  <h3>数を2倍するサンプル</h3>
  <p>
    <input type="number" id="num" value="1" step="1" />
    <input type="button" value="計算" onclick="onClick();" />
  </p>
  <p id="outtxt">outtxt</p>
  <br />
  <script>
    function onClick() {
      var n = document.getElementById("num").value;
      var x = parseInt(n);
      fetch('../out/main.wasm').then(response =>
        response.arrayBuffer()
```

```
  ).then(bytes => WebAssembly.instantiate(bytes)).then(results => {
    instance = results.instance;
    y = instance.exports.twice(x);
  }).catch(console.error);
  document.getElementById("outtxt").innerHTML = x + "を2倍すると" + y;
}
    </script>
</body>

</html>
```

　WebAssembly Studio で実行すると、ウィンドウの右下に先ほどの図に示したように表示されて、指定した値の 2 倍の値を計算することができます。

■プロジェクトのダウンロードと配置

　WebAssembly Studio のメニューバーから「Download」を選択すると、ダウンロードフォルダに wasm-project.zip として保存されます。これを展開（解凍）して Web サーバーの公開用ドキュメントのディレクトリに保存すると、Web ブラウザから Web サーバー経由で利用できるようになります。

　HTML ファイル main.html を表示して計算を実行した状態を次に示します。

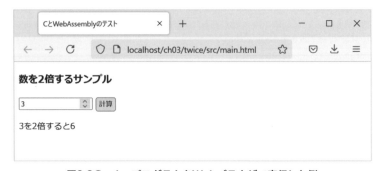

図3.2●twiceプログラムをWebブラウザで実行した例

　公開するドキュメントの Web サーバー上の典型的なディレクトリを次に再掲します（これとは異なる場合もあり、また設定により変更できます）。

表3.1●Webサーバーのドキュメントを保存する典型的なディレクトリ

システム	典型的なディレクトリ
Windows/Apache	`C:¥Apache24¥htdocs`
Windows/IIS	`C:¥inetpub¥wwwroot`
Windows/XAMPP	`C:¥xampp¥htdocs`
Linux/Apache	`/var/www/html`

■ main.wasm の内容

　生成した WebAssembly のバイトコードファイル main.wasm のサイズは 685 バイトあります。このサイズは、単純なソースファイルに比べてとても大きいといえます。他の方法で同じ機能の関数を WebAssembly のバイトコードファイルとして生成するとサイズがとても小さくなることがあります（あとで例を示します）。

　ここでは、このファイルの概要を wasm-objdump というツールで調べてみます。

以下では WebAssembly のバイトコードファイルの内容について説明します。このようなモジュールはセクションから構成されていますが、セクションの詳細は第 7 章で説明します。はじめて WebAssembly に取り組む場合は、WebAssembly Studio で生成した場合には自動的に多くの情報がバイトコードの中に埋め込まれるということだけ覚えておいて、この部分は飛ばして次節「Emscripten」に進んでかまいません。

　-x オプションを付けて wasm-objdump で調べると、次のような情報が出力されます（バージョンによって異なる場合があります）。

```
C:¥wasm¥ch03¥twice¥out>wasm-objdump -x main.wasm

main.wasm:      file format wasm 0x1

Section Details:

Type[3]:
 - type[0] () -> nil
 - type[1] () -> i32
 - type[2] (i32) -> i32
```

```
Function[3]:
 - func[0] sig=0 <__wasm_call_ctors>
 - func[1] sig=1 <main>
 - func[2] sig=2 <twice>
Table[1]:
 - table[0] type=funcref initial=1 max=1
Memory[1]:
 - memory[0] pages: initial=2
Global[3]:
 - global[0] i32 mutable=1 - init i32=66560
 - global[1] i32 mutable=0 <__heap_base> - init i32=66560
 - global[2] i32 mutable=0 <__data_end> - init i32=1024
Export[5]:
 - memory[0] -> "memory"
 - global[1] -> "__heap_base"
 - global[2] -> "__data_end"
 - func[1] <main> -> "main"
 - func[2] <twice> -> "twice"
Code[3]:
 - func[0] size=2 <__wasm_call_ctors>
 - func[1] size=4 <main>
 - func[2] size=7 <twice>
Custom:
 - name: ".debug_info"
Custom:
 - name: ".debug_macinfo"
Custom:
 - name: ".debug_ranges"
Custom:
 - name: ".debug_abbrev"
Custom:
 - name: ".debug_line"
Custom:
 - name: ".debug_str"
Custom:
 - name: "name"
 - func[0] <__wasm_call_ctors>
 - func[1] <main>
 - func[2] <twice>
```

　これは、このモジュールに以下に説明するようなセクション（第 7 章で説明）がある
ことを表しています。

　このモジュールの最初にタイプセクションがあります。このタイプセクションは関数
の型情報を表します。

```
Type[3]:
 - type[0] () -> nil
 - type[1] () -> i32
 - type[2] (i32) -> i32
```

　この場合、関数はタイプ 0 の何も受け取らず何も返さない関数と、タイプ 1 の i32 型
の値を返す関数、そしてタイプ 2 の引数が i32 で i32 の値を返す関数の 3 種類の関数が
このモジュールに含まれることを示しています。

　その関数の名前は、次のファンクションセクションの情報に示されています。

```
Function[3]:
 - func[0] sig=0 <__wasm_call_ctors>
 - func[1] sig=1 <main>
 - func[2] sig=2 <twice>
```

　3 種類の関数の名前は、__wasm_call_ctors、main、twice です。
　次のテーブルセクションはこのモジュールのテーブルを表します。

```
Table[1]:
 - table[0] type=funcref initial=1 max=1
```

　これは関数を参照するテーブルがあることを示します。
　さらにメモリセクションがあって、モジュールが実行中のメモリのページ数の初期値
が 2 ページであることを表します（1 ページは 64 KB）。

```
Memory[1]:
 - memory[0] pages: initial=2
```

そのあとに続くグローバルセクションはグローバルメモリについての情報を表します。

```
Global[3]:
 - global[0] i32 mutable=1 - init i32=66560
 - global[1] i32 mutable=0 <__heap_base> - init i32=66560
 - global[2] i32 mutable=0 <__data_end> - init i32=1024
```

エクスポートセクションは、モジュールからエクスポートされる関数を表します。

```
Export[5]:
 - memory[0] -> "memory"
 - global[1] -> "__heap_base"
 - global[2] -> "__data_end"
 - func[1] <main> -> "main"
 - func[2] <twice> -> "twice"
```

　このプロジェクトの JavaScript で呼び出している関数は twice() だけですが、そのほかの main() もエクスポートされていることがわかります。また、メモリとグローバルメモリもエクスポートされています。

　コードセクションも、3 種類の実行可能なコードがこのモジュールに埋め込まれていることを示しています。

```
Code[3]:
 - func[0] size=2 <__wasm_call_ctors>
 - func[1] size=4 <main>
 - func[2] size=7 <twice>
```

　カスタムセクションはプログラムの実行には必須ではないデバッグ情報、その他の情報を表します。

```
Custom:
 - name: ".debug_info"
Custom:
 - name: ".debug_macinfo"
```

```
Custom:
 - name: ".debug_ranges"
Custom:
 - name: ".debug_abbrev"
Custom:
 - name: ".debug_line"
Custom:
 - name: ".debug_str"
Custom:
 - name: "name"
 - func[0] <__wasm_call_ctors>
 - func[1] <main>
 - func[2] <twice>
```

　twice() という関数を利用できるようにした WebAssembly のバイトコードファイルが
すべてこのような情報を持つわけではなく、特定のバージョンの WebAssembly Studio
で生成した場合には自動的にこのように多くの情報がバイトコードの中に埋め込まれま
す。これはいいかえると、WebAssembly のバイトコード（モジュール）ファイルの生成
方法によっては、使わないけれども自動的に生成される情報がたくさんあるということ
を表しています。

■ Hello プロジェクト

　WebAssembly Studio にはもうひとつプロジェクトが用意されています。

　WebAssembly Studio の「Create New Project」ダイアログボックスで「Hello World in
C」を選択して「Create」を押します。すると、C 言語のいわゆる「Hello World」プロジェ
クトに必要な初期ソースファイルが生成されます（ここで生成される Hello プロジェク
トも結果は単純ですがコードは複雑なので、初めて WebAssembly に取り組む場合は飛
ばしてかまいません）。

　生成されるファイルは main.c、main.html、main.js の 3 種類です。

　main.c の内容は次の通りです。

リスト 3.7 ● main.c

```c
#include <stdio.h>
#include <sys/uio.h>

#define WASM_EXPORT __attribute__((visibility("default")))

WASM_EXPORT
int main(void) {
  printf("Hello World¥n");
}

/* External function that is implemented in JavaScript. */
extern void putc_js(char c);

/* Basic implementation of the writev sys call. */
WASM_EXPORT
size_t writev_c(int fd, const struct iovec *iov, int iovcnt) {
  size_t cnt = 0;
  for (int i = 0; i < iovcnt; i++) {
    for (int j = 0; j < iov[i].iov_len; j++) {
      putc_js(((char *)iov[i].iov_base)[j]);
    }
    cnt += iov[i].iov_len;
  }
  return cnt;
}
```

main() は、単に printf() を使って「Hello World¥n」を出力します。

extern void putc_js(char c); は、JavaScript の中で実装される extern 関数です。

writev_c() は、複数のバッファーにデータを読み込む Linux のシステムコール writev() の基本的な実装です。

これらについて詳しくはプロジェクトに生成されるドキュメントを参照してください。

main.html の内容は次の通りで、「Empty C Project」と同じです。

リスト 3.8 ● main.html

```html
<!DOCTYPE html>
<html>
<head>
  <meta charset='utf-8'>
  <style>
    body {
        background-color: green;
    }
  </style>
</head>
<body>
  <span id="container"></span>
  <script src="./main.js"></script>
</body>
</html>
```

main.js の内容は次の通りです（紙面の都合で一部改行しています）。

リスト 3.9 ● main.js

```javascript
let x = '../out/main.wasm';

let instance = null;
let memoryStates = new WeakMap();

function syscall(instance, n, args) {
  switch (n) {
    default:
      // console.log("Syscall " + n + " NYI.");
      break;
    case /* brk */ 45: return 0;
    case /* writev */ 146:
      return instance.exports.writev_c(args[0], args[1], args[2]);
    case /* mmap2 */ 192:
      debugger;
      const memory = instance.exports.memory;
      let memoryState = memoryStates.get(instance);
```

```
        const requested = args[1];
        if (!memoryState) {
          memoryState = {
            object: memory,
            currentPosition: memory.buffer.byteLength,
          };
          memoryStates.set(instance, memoryState);
        }
        let cur = memoryState.currentPosition;
        if (cur + requested > memory.buffer.byteLength) {
          const need = Math.ceil((cur + requested - memory.buffer.byteLength)
                / 65536);
          memory.grow(need);
        }
        memoryState.currentPosition += requested;
        return cur;
    }
}

let s = "";
fetch(x).then(response =>
  response.arrayBuffer()
).then(bytes =>
  WebAssembly.instantiate(bytes, {
    env: {
      __syscall0: function __syscall0(n) { return syscall(instance, n, []); },
      __syscall1: function __syscall1(n, a) {
                                    └ return syscall(instance, n, [a]); },
      __syscall2: function __syscall2(n, a, b) {
            return syscall(instance, n, [a, b]); },
      __syscall3: function __syscall3(n, a, b, c) {
            return syscall(instance, n, [a, b, c]); },
      __syscall4: function __syscall4(n, a, b, c, d) {
            return syscall(instance, n, [a, b, c, d]); },
      __syscall5: function __syscall5(n, a, b, c, d, e) {
            return syscall(instance, n, [a, b, c, d, e]); },
      __syscall6: function __syscall6(n, a, b, c, d, e, f) {
            return syscall(instance, n, [a, b, c, d, e, f]); },
      putc_js: function (c) {
        c = String.fromCharCode(c);
```

```
        if (c == "¥n") {
          console.log(s);
          s = "";
        } else {
          s += c;
        }
      }
    }
  })
).then(results => {
  instance = results.instance;
  document.getElementById("container").textContent = instance.exports.main();
}).catch(console.error);
```

　main.js は基本的なシステムコールを JavaScript でエミュレートしています。これについても詳しくはプロジェクトに生成されるドキュメントを参照してください。

　なお、このファイルから生成されたバイナリファイル main.wasm のサイズは 41,836 バイトです。このファイルの内容を wasm-objdump -x main.wasm で調べてみると、次のように報告されます。

```
main.wasm: file format wasm 0x1

Section Details:

Type[9]:
 - type[0] (i32, i32, i32) -> i32
 - type[1] (i32) -> nil
 - type[2] (i32, i32, i32, i32) -> i32
 - type[3] (i32, i32) -> i32
 - type[4] (i32, i32, i32, i32, i32, i32) -> i32
 - type[5] () -> nil
 - type[6] () -> i32
 - type[7] (i32) -> i32
 - type[8] (i32, i64, i32) -> i64
Import[4]:
 - func[0] sig=1 <putc_js> <- env.putc_js
 - func[1] sig=2 <__syscall3> <- env.__syscall3
```

```
 - func[2] sig=3 <__syscall1> <- env.__syscall1
 - func[3] sig=4 <__syscall5> <- env.__syscall5
Function[19]:
 - func[4] sig=5 <__wasm_call_ctors>
 - func[5] sig=6 <main>
 - func[6] sig=0 <writev_c>
 - func[7] sig=7 <__lockfile>
 - func[8] sig=1 <__unlockfile>
 - func[9] sig=7 <__towrite>
 - func[10] sig=2 <fwrite>
 - func[11] sig=3 <fputs>
 - func[12] sig=3 <__overflow>
 - func[13] sig=7 <puts>
 - func[14] sig=6 <__errno_location>
 - func[15] sig=7 <__syscall_ret>
 - func[16] sig=7 <dummy>
 - func[17] sig=7 <__stdio_close>
 - func[18] sig=0 <__stdio_write>
 - func[19] sig=0 <__stdout_write>
 - func[20] sig=8 <__stdio_seek>
 - func[21] sig=0 <memcpy>
 - func[22] sig=7 <strlen>
Table[1]:
 - table[0] type=funcref initial=5 max=5
Memory[1]:
 - memory[0] pages: initial=2
Global[3]:
 - global[0] i32 mutable=1 - init i32=67760
 - global[1] i32 mutable=0 <__heap_base> - init i32=67760
 - global[2] i32 mutable=0 <__data_end> - init i32=2216
Export[5]:
 - memory[0] -> "memory"
 - global[1] -> "__heap_base"
 - global[2] -> "__data_end"
 - func[5] <main> -> "main"
 - func[6] <writev_c> -> "writev_c"
Elem[1]:
 - segment[0] flags=0 table=0 count=4 - init i32=1
  - elem[1] = func[18] <__stdio_write>
  - elem[2] = func[17] <__stdio_close>
```

```
  - elem[3] = func[19] <__stdout_write>
  - elem[4] = func[20] <__stdio_seek>
Code[19]:
 - func[4] size=2 <__wasm_call_ctors>
 - func[5] size=17 <main>
 - func[6] size=120 <writev_c>
 - func[7] size=170 <__lockfile>
 - func[8] size=89 <__unlockfile>
 - func[9] size=91 <__towrite>
 - func[10] size=363 <fwrite>
 - func[11] size=34 <fputs>
 - func[12] size=196 <__overflow>
 - func[13] size=163 <puts>
 - func[14] size=4 <__errno_location>
 - func[15] size=33 <__syscall_ret>
 - func[16] size=4 <dummy>
 - func[17] size=27 <__stdio_close>
 - func[18] size=357 <__stdio_write>
 - func[19] size=106 <__stdout_write>
 - func[20] size=106 <__stdio_seek>
 - func[21] size=1656 <memcpy>
 - func[22] size=173 <strlen>
Data[3]:
 - segment[0] memory=0 size=16 - init i32=1024
  - 0000400: 4865 6c6c 6f20 576f 726c 6400 1004 0000  Hello World.....
 - segment[1] memory=0 size=144 - init i32=1040
     (略)
- segment[2] memory=0 size=1032 - init i32=1184
     (略)
Custom:
 - name: ".debug_info"
Custom:
 - name: ".debug_macinfo"
Custom:
 - name: ".debug_loc"
Custom:
 - name: ".debug_ranges"
Custom:
 - name: ".debug_abbrev"
Custom:
```

```
    - name: ".debug_line"
Custom:
    - name: ".debug_str"
Custom:
    - name: "name"
    - func[0] <putc_js>
    - func[1] <__syscall3>
    - func[2] <__syscall1>
    - func[3] <__syscall5>
    - func[4] <__wasm_call_ctors>
    - func[5] <main>
    - func[6] <writev_c>
    - func[7] <__lockfile>
    - func[8] <__unlockfile>
    - func[9] <__towrite>
    - func[10] <fwrite>
    - func[11] <fputs>
    - func[12] <__overflow>
    - func[13] <puts>
    - func[14] <__errno_location>
    - func[15] <__syscall_ret>
    - func[16] <dummy>
    - func[17] <__stdio_close>
    - func[18] <__stdio_write>
    - func[19] <__stdout_write>
    - func[20] <__stdio_seek>
    - func[21] <memcpy>
    - func[22] <strlen>
```

　この場合も、必ずしも使わない（必要ないともいえる）多くの情報がモジュールに埋め込まれていることがわかります。

3.3 **Emscripten**

　ここでは、Emscripten を使って C 言語のソースプログラムから WebAssembly のバイトコード（モジュール）ファイルを生成し、それを HTML ドキュメントで実行する方法について説明します。

■ **Emscripten の準備**

　Emscripten をインストールした環境で C 言語のソースファイルを WebAssembly にコンパイルして実行する方法を説明しますが、その前に Emscripten SDK をインストールして環境を設定する必要があります。

　Emscripten SDK のインストールに関しては、付録 A.2「Emscripten SDK のインストール」を参照してください。

インストールしたコンソールを閉じてから他のコンソールを開いてコンパイル作業をする場合は、新しく開いたコンソールであらためて環境変数を設定します。具体的には、Emscripten SDK をインストールしたディレクトリに移動して、

```
$ source ./emsdk_env.sh
```

または、Windows の場合は（例えば C:¥Users¥user¥emsdk に移動して）

```
>emsdk_env.bat
```

を実行します（付録 A.2 の「emsdk のパスの設定」項を参照）。

■ twice プログラム

　ここでは、C 言語の関数を Emscripten を使って WebAssembly にしたファイルを使っ
て JavaScript から実行する例を示します。

　引数の値を 2 倍する関数 twice() は次のように定義します。

```c
int main(int argc, char **argv) {
  printf("Hello WASM¥n");
}


int EMSCRIPTEN_KEEPALIVE twice(int x)
{
  return x * 2;
}
```

　C 言語から Emscripten を使って生成したコードは main() を呼び出して初期化処理を
行います。しかし、このケースでは main() は使いませんが、ダミーの関数 main() を書
いておきます。

　関数 twice() の定義では、関数名の前に EMSCRIPTEN_KEEPALIVE を指定している点に
注意してください。デフォルトでは、Emscripten で生成したコードは main() を呼び出
し、他の呼び出されていない関数のコードは削除されます。この場合、関数名の前に
EMSCRIPTEN_KEEPALIVE を指定することで、関数 twice() が削除されなくなるようにしま
す。EMSCRIPTEN_KEEPALIVE は、em_macros.h で次のように定義されています。

```c
#define EMSCRIPTEN_KEEPALIVE __attribute__((used))
```

　EMSCRIPTEN_KEEPALIVE を使うためには、上の定義をソースに追加するか、または、
em_macros.h をインクルードしている emscripten.h をインポートする必要があります。

```c
#include <emscripten/emscripten.h>
```

　そのほかは普通の C 言語の関数の定義と同じです。

　最終的に次のような単純な C 言語のソースを作成し、新たに作成したこのプロジェク

トのディレクトリに保存します。

リスト 3.10 ● main.c

```c
// main.c
#include <stdio.h>
#include <emscripten/emscripten.h>

int main(int argc, char **argv) {
  printf("Hello WASM\n");
}

int EMSCRIPTEN_KEEPALIVE twice(int x)
{
  return x * 2;
}
```

たとえば、これを C:\wasm\ch03\em-twice に保存して、次のコマンドで WebAssembly ファイルにコンパイルします。このとき、NO_EXIT_RUNTIME オプションを指定して、関数 main() が終了してもランタイムがシャットダウンしないようにします。

```
C:\wasm\ch03\em-twice>emcc -o wasm.js main.c -s WASM=1 -s NO_EXIT_RUNTIME=1
```

出力ファイルとして wasm.js を指定しますが、これには C 言語から生成した WebAssembly のコードと JavaScript を結びつけるグルーコードが含まれます。

コンパイルした結果、WebAssembly のバイナリファイル wasm.wasm が生成されます。

この時点でソースディレクトリに以下のファイルが出力されているはずです。

```
C:\wasm\ch03\em-twice のディレクトリ

2021/03/25  16:17    <DIR>              .
2021/03/25  16:17    <DIR>              ..
2021/03/25  16:11               198 main.c
2021/03/25  16:17           124,413 wasm.js
2021/03/25  16:17            11,758 wasm.wasm
```

ブラウザに出力するための HTML ファイル twice.html も作成します。

twice.html の中では、自動生成された wasm.js を非同期でロードします。

```
<script async src=wasm.js></script>
```

関数を実際に呼び出すコードは Module._twice() という形式で呼び出します（この方法で WebAssembly の中の関数を呼び出すときには、関数名の前にアンダースコアを付けます）。

```
<script>
    var y = Module._twice(x);        // C言語の関数を呼び出す
</script>
```

この関数 twice() を呼び出す仕掛けはコンパイル時に生成される wasm.js の中にあります。

HTML ファイル全体は次のようになります。

リスト 3.11 ● twice.html

```
<!DOCTYPE html>
<html xmlns="http://www.w3.org/1999/xhtml" xml:lang="ja" lang="ja">

<head>
    <meta http-equiv="Content-Type" content="text/html; charset=UTF-8" />
    <meta http-equiv="cache-control" content="no-cache">
    <title>CとWebAssemblyのテスト</title>
</head>

<body>
    <h3>数を2倍するサンプル</h3>
    <p>
        <input type="number" id="num" value="1" step="1" />
        <input type="button" value="計算" onclick="onClick();" />
    </p>
    <p id="outtxt">outtxt</p>
    <br />
```

```
    <script>
        function onClick() {
            var n = document.getElementById("num").value;
            var x = parseInt(n);
            var y = Module._twice(x);        // C言語の関数を呼び出す
            document.getElementById("outtxt").innerHTML
                = x + "を2倍すると" + y;
        }
    </script>
    <script async src=wasm.js></script>
</body>

</html>
```

WebAssembly をサポートしているブラウザで Web サーバーを介して twice.html を実行する例を次に示します。

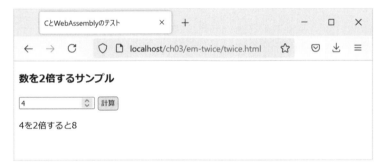

図3.3●twice.htmlを使う例

■ wasm.wasm の内容

生成した WebAssembly のバイトコードファイル wasm.wasm のサイズは 11,758 バイトあります。このサイズは、単純なソースファイルに比べてとても大きいといえます。

ここで、このファイルの概要を wasm-objdump で調べてみます。

-x オプションを付けて wasm-objdump で調べると、次のような情報が出力されます。

```
wasm.wasm: file format wasm 0x1

Section Details:

Type[22]:
 - type[0] (i32, i32, i32) -> i32
 - type[1] (i32) -> i32
 - type[2] () -> i32
 - type[3] (i32) -> nil
 - type[4] () -> nil
 - type[5] (i32, i32) -> i32
 - type[6] (i32, i64, i32) -> i64
 - type[7] (i32, i32) -> nil
 - type[8] (i32, i64, i64, i32) -> nil
 - type[9] (i32, i32, i32, i32, i32) -> i32
 - type[10] (i32, f64, i32, i32, i32, i32) -> i32
 - type[11] (i64, i32) -> i32
 - type[12] (i32, i32, i32) -> nil
 - type[13] (i32, i32, i32, i32) -> nil
 - type[14] (i32, i32, i32, i32, i32) -> nil
 - type[15] (i32, i32, i32, i32) -> i32
 - type[16] (i32, i32, i32, i32, i32, i32, i32) -> i32
 - type[17] (i64, i32, i32) -> i32
 - type[18] (f64) -> i64
 - type[19] (i32, i32, i64, i32) -> i64
 - type[20] (i64, i64) -> f64
 - type[21] (f64, i32) -> f64
Import[3]:
 - func[0] sig=15 <wasi_snapshot_preview1.fd_write>
                                    └ <- wasi_snapshot_preview1.fd_write
 - func[1] sig=0 <env.emscripten_memcpy_big> <- env.emscripten_memcpy_big
 - func[2] sig=3 <env.setTempRet0> <- env.setTempRet0
Function[51]:
 - func[3] sig=4 <__wasm_call_ctors>
 - func[4] sig=5 <main>
 - func[5] sig=1 <twice>
 - func[6] sig=2 <__errno_location>
 - func[7] sig=1
 - func[8] sig=0
```

```
- func[9] sig=1
- func[10] sig=6
- func[11] sig=0
- func[12] sig=1
- func[13] sig=0
- func[14] sig=2
- func[15] sig=0
- func[16] sig=5
- func[17] sig=21
- func[18] sig=8
- func[19] sig=8
- func[20] sig=20
- func[21] sig=3
- func[22] sig=3
- func[23] sig=2
- func[24] sig=4
- func[25] sig=1
- func[26] sig=0
- func[27] sig=0
- func[28] sig=9
- func[29] sig=16
- func[30] sig=12
- func[31] sig=1
- func[32] sig=13
- func[33] sig=17
- func[34] sig=11
- func[35] sig=11
- func[36] sig=14
- func[37] sig=0
- func[38] sig=10
- func[39] sig=7
- func[40] sig=18
- func[41] sig=5
- func[42] sig=1
- func[43] sig=3
- func[44] sig=4 <emscripten_stack_init>
- func[45] sig=2 <emscripten_stack_get_free>
- func[46] sig=2 <emscripten_stack_get_end>
- func[47] sig=2 <stackSave>
- func[48] sig=3 <stackRestore>
```

```
 - func[49] sig=1 <stackAlloc>
 - func[50] sig=1 <fflush>
 - func[51] sig=1
 - func[52] sig=19
 - func[53] sig=9 <dynCall_jiji>
Table[1]:
 - table[0] type=funcref initial=6 max=6
Memory[1]:
 - memory[0] pages: initial=256 max=256
Global[3]:
 - global[0] i32 mutable=1 - init i32=5245984
 - global[1] i32 mutable=1 - init i32=0
 - global[2] i32 mutable=1 - init i32=0
Export[14]:
 - memory[0] -> "memory"
 - func[3] <__wasm_call_ctors> -> "__wasm_call_ctors"
 - func[4] <main> -> "main"
 - func[5] <twice> -> "twice"
 - table[0] -> "__indirect_function_table"
 - func[6] <__errno_location> -> "__errno_location"
 - func[50] <fflush> -> "fflush"
 - func[47] <stackSave> -> "stackSave"
 - func[48] <stackRestore> -> "stackRestore"
 - func[49] <stackAlloc> -> "stackAlloc"
 - func[44] <emscripten_stack_init> -> "emscripten_stack_init"
 - func[45] <emscripten_stack_get_free> -> "emscripten_stack_get_free"
 - func[46] <emscripten_stack_get_end> -> "emscripten_stack_get_end"
 - func[53] <dynCall_jiji> -> "dynCall_jiji"
Elem[1]:
 - segment[0] flags=0 table=0 count=5 - init i32=1
  - elem[1] = func[9]
  - elem[2] = func[8]
  - elem[3] = func[10]
  - elem[4] = func[38]
  - elem[5] = func[39]
Code[51]:
 - func[3] size=4 <__wasm_call_ctors>
 - func[4] size=75 <main>
 - func[5] size=47 <twice>
 - func[6] size=5 <__errno_location>
```

```
- func[7] size=21
- func[8] size=342
- func[9] size=4
- func[10] size=4
- func[11] size=370
- func[12] size=10
- func[13] size=231
- func[14] size=5
- func[15] size=289
- func[16] size=20
- func[17] size=142
- func[18] size=83
- func[19] size=83
- func[20] size=488
- func[21] size=2
- func[22] size=2
- func[23] size=10
- func[24] size=7
- func[25] size=92
- func[26] size=529
- func[27] size=204
- func[28] size=392
- func[29] size=2315
- func[30] size=24
- func[31] size=73
- func[32] size=315
- func[33] size=53
- func[34] size=46
- func[35] size=136
- func[36] size=112
- func[37] size=14
- func[38] size=3082
- func[39] size=42
- func[40] size=5
- func[41] size=43
- func[42] size=4
- func[43] size=2
- func[44] size=20 <emscripten_stack_init>
- func[45] size=7 <emscripten_stack_get_free>
- func[46] size=4 <emscripten_stack_get_end>
```

```
- func[47] size=4 <stackSave>
- func[48] size=6 <stackRestore>
- func[49] size=18 <stackAlloc>
- func[50] size=172 <fflush>
- func[51] size=107
- func[52] size=13
- func[53] size=35 <dynCall_jiji>
Data[2]:
- segment[0] memory=0 size=565 - init i32=1024
  - 0000400: 4865 6c6c 6f20 5741 534d 0a00 3806 0000  Hello WASM..8...
  - 0000410: 2d2b 2020 2030 5830 7800 286e 756c 6c29  -+   0X0x.(null)
  - 0000420: 0000 0000 0000 0000 0000 0000 0000 0000  ................
  - 0000430: 1100 0a00 1111 1100 0000 0005 0000 0000  ................
  - 0000440: 0000 0900 0000 000b 0000 0000 0000 0000  ................
  - 0000450: 1100 0f0a 1111 1103 0a07 0001 0009 0b0b  ................
  - 0000460: 0000 0906 0b00 000b 0006 1100 0000 1111  ................
  - 0000470: 1100 0000 0000 0000 0000 0000 0000 0000  ................
  - 0000480: 000b 0000 0000 0000 0000 1100 0a0a 1111  ................
  - 0000490: 1100 0a00 0002 0009 0b00 0000 0900 0b00  ................
  - 00004a0: 000b 0000 0000 0000 0000 0000 0000 0000  ................
  - 00004b0: 0000 0000 0000 0000 0000 000c 0000 0000  ................
  - 00004c0: 0000 0000 0000 000c 0000 0000 0c00 0000  ................
  - 00004d0: 0009 0c00 0000 0000 0c00 000c 0000 0000  ................
  - 00004e0: 0000 0000 0000 0000 0000 0000 0000 0000  ................
  - 00004f0: 0000 0000 000e 0000 0000 0000 0000 0000  ................
  - 0000500: 000d 0000 0004 0d00 0000 0009 0e00 0000  ................
  - 0000510: 0000 0e00 000e 0000 0000 0000 0000 0000  ................
  - 0000520: 0000 0000 0000 0000 0000 0000 0000 0010  ................
  - 0000530: 0000 0000 0000 0000 0000 000f 0000 0000  ................
  - 0000540: 0f00 0000 0009 1000 0000 0000 1000 0010  ................
  - 0000550: 0000 1200 0000 1212 1200 0000 0000 0000  ................
  - 0000560: 0000 0000 0000 0000 0000 0000 0000 0000  ................
  - 0000570: 0000 1200 0000 1212 1200 0000 0000 0009  ................
  - 0000580: 0000 0000 0000 0000 0000 0000 0000 0000  ................
  - 0000590: 0000 0000 0000 0000 0000 0000 0000 0000  ................
  - 00005a0: 0000 000b 0000 0000 0000 0000 0000 000a  ................
  - 00005b0: 0000 0000 0a00 0000 0009 0b00 0000 0000  ................
  - 00005c0: 0b00 000b 0000 0000 0000 0000 0000 0000  ................
  - 00005d0: 0000 0000 0000 0000 0000 0000 000c 0000  ................
  - 00005e0: 0000 0000 0000 0000 000c 0000 0000 0c00  ................
```

```
- 00005f0: 0000 0009 0c00 0000 0000 0c00 000c 0000   ...............
- 0000600: 3031 3233 3435 3637 3839 4142 4344 4546   0123456789ABCDEF
- 0000610: 2d30 582b 3058 2030 582d 3078 2b30 7820   -0X+0X 0X-0x+0x
- 0000620: 3078 0069 6e66 0049 4e46 006e 616e 004e   0x.inf.INF.nan.N
- 0000630: 414e 002e 00                               AN...
- segment[1] memory=0 size=376 - init i32=1592
- 0000638: 0500 0000 0000 0000 0000 0000 0100 0000   ...............
- 0000648: 0000 0000 0000 0000 0000 0000 0000 0000   ...............
- 0000658: 0000 0000 0200 0000 0300 0000 c807 0000   ...............
- 0000668: 0004 0000 0000 0000 0000 0000 0100 0000   ...............
- 0000678: 0000 0000 0000 0000 0000 000a ffff ffff   ...............
- 0000688: 0000 0000 0000 0000 0000 0000 0000 0000   ...............
- 0000698: 0000 0000 0000 0000 0000 0000 0000 0000   ...............
- 00006a8: 0000 0000 0000 0000 0000 0000 0000 0000   ...............
- 00006b8: 0000 0000 0000 0000 0000 0000 0000 0000   ...............
- 00006c8: 3806 0000 0000 0000 0000 0000 0000 0000   8..............
- 00006d8: 0000 0000 0000 0000 0000 0000 0000 0000   ...............
- 00006e8: 0000 0000 0000 0000 0000 0000 0000 0000   ...............
- 00006f8: 0000 0000 0000 0000 0000 0000 0000 0000   ...............
- 0000708: 0000 0000 0000 0000 0000 0000 0000 0000   ...............
- 0000718: 0000 0000 0000 0000 0000 0000 0000 0000   ...............
- 0000728: 0000 0000 0000 0000 0000 0000 0000 0000   ...............
- 0000738: 0000 0000 0000 0000 0000 0000 0000 0000   ...............
- 0000748: 0000 0000 0000 0000 0000 0000 0000 0000   ...............
- 0000758: 0000 0000 0000 0000 0000 0000 0000 0000   ...............
- 0000768: 0000 0000 0000 0000 0000 0000 0000 0000   ...............
- 0000778: f00b 0000 0000 0000 0000 0000 0000 0000   ...............
- 0000788: 0000 0000 0000 0000 0000 0000 0000 0000   ...............
- 0000798: 0000 0000 0000 0000 0000 0000 0000 0000   ...............
- 00007a8: 0000 0000 0000 0000                        ........
```

この場合も非常に多くの関数が生成されていることがわかります。

3.4　C++ と WebAssembly

　C++ 言語を使うとオブジェクト指向のプログラミングが可能です。しかし、WebAssembly に変換して JavaScript から呼び出して使う場合には、いくつかの制約があります。

■ C++ 関数の呼び出し

　C++ 言語のソースプログラムを WebAssembly に変換して JavaScript から呼び出して使う場合には、関数は C 言語の関数として呼び出すようにします。C 言語の関数として呼び出すためには、extern "C" を指定します。

```
extern "C" {
void EMSCRIPTEN_KEEPALIVE function(...) {
    ⋮
}
```

　C++ としてコンパイルするときだけ extern "C" を有効にするためには、次のように #ifdef を使って条件コンパイルするようにします。

```
#ifdef __cplusplus
extern "C" {
#endif
void EMSCRIPTEN_KEEPALIVE function(...) {
    ⋮
}
#ifdef __cplusplus
}
#endif
```

■ square プログラム

　ここでは単純な C++ のプログラムのコードを WebAssembly のバイトコードにして JavaScript から呼び出すひとつの例を示します。

　次のような正方形のクラス Square を定義して、正方形の面積と周囲の長さを求めて表示する C++ のプログラムがあるとします。

リスト 3.12 ● square.cpp

```cpp
// square.cpp

#include <iostream>

class Square
{
private:
    int width;

public:
    Square(int w);
    int getArea();        // 面積を取得する
    int getPerimeter();   // 周囲の長さを取得する
};

Square::Square(int w)
{
    width = w;
}

// 面積を求めて返す
int Square::getArea()
{
    return width * width;
}

// 周囲の長さを求めて返す
int Square::getPerimeter()
{
    return 4 * width;
```

```
}

int main()
{
    int w = 5;
    Square *s1 = new Square(w);
    std::cout << "幅が" << w << "の正方形の面積=" << s1->getArea() << std::endl;
    std::cout << "幅が" << w << "の正方形の周囲の長さ=" << s1->getPerimeter()
                                                └ << std::endl;

}
```

　このプログラムの内容は C 言語でも JavaScript でも記述できる単純な内容ですが、こ
こでは C++ のコードを WebAssembly コードに変換して利用することを説明する目的で
あえてこのような例を示します。
　これを WebAssembly のモジュールとして利用するために、まず、次のようにして C
言語のラッパー関数を作成して使うプログラムに変更します。

リスト 3.13 ● csquare.cpp

```
// csquare.cpp

#include <iostream>

class Square
{
private:
    int width;

public:
    Square(int w);
    int getArea();        // 面積を取得する
    int getPerimeter();   // 周囲の長さを取得する
};

Square::Square(int w)
{
    width = w;
}
```

```
// 面積を求めて返す
int Square::getArea()
{
    return width * width;
}


// 周囲の長さを求めて返す
int Square::getPerimeter()
{
    return 4 * width;
}

Square* s;

void createSquare(int w)
{
    s = new Square(w);
}

int getSquareArea()
{
    return s->getArea();
}

int getSquarePerimeter()
{
    return s->getPerimeter();
}

int main()
{
    int w = 5;
    createSquare(w);
    printf("幅が%dの正方形の面積=%d¥n", w, getSquareArea());
    printf("幅が%dの正方形の周囲の長さ=%d¥n", w, getSquarePerimeter());
}
```

これで、C 言語の形式の関数 createSquare() を呼び出すことで正方形のインス

タンスを作成して、getSquareArea() を呼び出すことでその正方形の面積を取得し、getSquarePerimeter() を呼び出すことで正方形の周囲の長さを取得することができるようになりました。

これを WebAssembly のバイトコードにコンパイルするために次のように変更します。

リスト 3.14 ● wsquare.cpp

```cpp
// wsquare.cpp
#include <emscripten/emscripten.h>

class Square
{
private:
    int width;

public:
    Square(int w);
    int getArea();          // 面積を取得する
    int getPerimeter();     // 周囲の長さを取得する
};

Square::Square(int w)
{
    width = w;
}

// 面積を求めて返す
int Square::getArea()
{
    return width * width;
}

// 周囲の長さを求めて返す
int Square::getPerimeter()
{
    return 4 * width;
}

Square* s;
```

```
#ifdef __cplusplus
extern "C" {
#endif
void EMSCRIPTEN_KEEPALIVE createSquare(int w)
{
    s = new Square(w);
}
#ifdef __cplusplus
}
#endif


#ifdef __cplusplus
extern "C" {
#endif
int EMSCRIPTEN_KEEPALIVE getSquareArea()
{
    return s->getArea();
}
#ifdef __cplusplus
}
#endif


#ifdef __cplusplus
extern "C" {
#endif
int EMSCRIPTEN_KEEPALIVE getSquarePerimeter()
{
    return s->getPerimeter();
}
#ifdef __cplusplus
}
#endif
```

　見ればわかる通り、JavaScript から呼び出す WebAssembly のモジュールの中の関数は、createSquare()、getSquareArea()、getSquarePerimeter() の 3 つです。

このファイルを次のコマンドでコンパイルします。

```
emcc  -o wasm.js  wsquare.cpp  -O3  -s WASM=1  -s NO_EXIT_RUNTIME=1
                        └ -s "EXTRA_EXPORTED_RUNTIME_METHODS=['ccall']"
```

コンパイルが完了すると、wasm.js と wasm.wasm が生成されます。

WebAssembly のモジュールの関数を利用する方法は、twice プログラムで説明した方法と同じです（関数名の前にアンダースコアを付けるのを忘れないでください）。

```
// 正方形の幅を指定してインスタンスを作る
Module._createSquare(x);

// 正方形の面積を取得する
var area = Module._getSquareArea();

// 正方形の周囲の長さを取得する
var peri = Module._getSquarePerimeter();
```

作成した正方形のインスタンスは、モジュールの中に保存されている点に注意してください。

WebAssembly のバイトコードを利用する HTML ファイル全体は次のようになります。

リスト 3.15 ● square.html

```
<!DOCTYPE html>
<html xmlns="http://www.w3.org/1999/xhtml" xml:lang="ja" lang="ja">

<head>
    <meta http-equiv="Content-Type" content="text/html; charset=UTF-8" />
    <meta http-equiv="cache-control" content="no-cache">
    <title>C++とWebAssemblyのテスト</title>
</head>

<body>
    <h3>C++を利用するサンプル</h3>
    <p>
```

```
            <input type="number" id="num" value="1" step="1" />
            <input type="button" value="計算" onclick="onClick();" />
        </p>
        <p id="outtxt">outtxt</p>
        <br />
        <script>
            function onClick() {
                var n = document.getElementById("num").value;
                var x = parseInt(n);
                var y = Module._createSquare(x);
                var area = Module._getSquareArea();
                var peri = Module._getSquarePerimeter();
                document.getElementById("outtxt").innerHTML
                    = x + "の面積=" + area + " 周囲=" + peri;
            }
        </script>
        <script async src=wasm.js></script>
</body>

</html>
```

この square.html を Web ブラウザで表示して面積と周囲を計算する例を次の図に示します。

図3.4●square.htmlを使う例

Rust と
WebAssembly

この章ではプログラミング言語として Rust を使
って WebAssembly のバイナリファイル（モジ
ュール）を生成して実行する方法を説明します。
C/C++ 言語で WebAssembly を活用すると決め
ている場合はこの章を飛ばしてもかまいません。

4.1　Rust の概要

Rust は高水準プログラミング言語です。

プログラミング言語はその種類によって、得意な分野や主に使われる用途が異なります。たとえば、いわゆるホームページを作成するのに特に適していたり、いわゆるオフィスアプリを操作するのに適していたり、インターネットのサーバーで稼働するプログラムを開発するのに適しているなど、主要な用途はプログラミング言語によってさまざまです。

Rust は、Windows や Linux のような OS（オペレーティングシステム）、コンパイラ、組み込みプログラム、Web サイトのバックエンドとして機能するプログラム、さまざまな情報を扱うツールなどを作成するのに特に適したプログラミング言語です。また、一般のユーザーが使う Windows や Linux などの PC や携帯端末のアプリなども開発することができます。

Rust は WebAssembly のプログラムを生成するためのプログラミング言語としても良く使われます。本書では Rust のこの側面に焦点を当てます。

■ Rust の特徴

Rust には次のような特徴があります。

モダンな言語

Rust は最近作られたプログラミング言語です。これまでに作られて使われてきたプログラミング言語は、主なものだけでも多数ありますが、Rust はそれら従来のプログラミング言語の優れた点を採用し、問題点を排除して作成されました。そのため、さまざまな面で他のプログラミング言語よりも優れているうえに、プログラミングで遭遇する可能性がある多くの問題がプログラミング言語レベルで解決されています。

高速

Rust には作成したプログラムの実行速度が極めて速いという特徴があります。

C 言語や C++ など、高速な言語はほかにもありますが、高速なだけではなく、安全で

生産性が高いという点で、Rust は他を凌駕しているといって良いでしょう。

安全

　Rust は C 言語や C++ に比べて安全性の極めて高いプログラミング言語です。C 言語や C++ では、メモリを確保していない状態で値を保存したり、解放したメモリ領域に値を保存しようとしたり、メモリの本来はアクセスしてはならない場所にアクセスしたりすることが可能です。そのため、予期しない動作になったり、保護されるべき情報があらわになったりすることがあります。Rust ではそのようなメモリアクセスは原則としてできないので安全です。また、C 言語や C++ では使い終わったメモリを解放し忘れてメモリ不足になることがありますが、Rust ではプログラマがメモリの解放をする必要はなく、使わないメモリ領域は自動的に解放されます。

C 言語・C++ を継承する言語

　C 言語は比較的歴史があり、言語仕様がシンプルなので、昔から現在に至るまで実践的にも教育現場でも幅広く使われています。C++ はもともとは C 言語をオブジェクト指向プログラミングに対応できるように拡張して作られた言語で、より複雑なプログラムの開発に使われます。

　Rust は C 言語や C++ と比べて安全で生産性が高いために、それらに変わる言語として使われることが期待されています。

　また、C 言語は初歩のプログラミング教育分野でも幅広く使われてきましたが、Rust もそのシンプルさゆえに、初歩から本格的なプログラミング教育分野まで、幅広く活用が進むことでしょう。

多くのプラットフォームに対応

　Rust は、Windows、Linux、mac OS など、さまざまなプラットフォームに対応しています。また、Android や iOS などで実行できるプログラムも開発することができます（開発は Windows や Unix 系 OS の PC で行い、コンパイラをクロスコンパイラとして動作させてターゲットプラットフォームのファイルを生成するのが普通です）。

　ひとつのソースプログラムでさまざまな環境に対応できるという点では Java に似ていますが、Rust のプログラムの実行時の速さは Java の数倍の速さです。

コンパイラ言語

コンパイラは、ソースコードと呼ぶ人間が読めるプログラムを、コンピュータが実行できるコードに変換するプログラムです。Rust はコンパイラを使うことを前提に作られています。

一方、プログラムの実行時にプログラムコードを 1 行ずつ解釈してコンピュータが実行できるコードに変換するプログラムをインタープリタといい、それを使ってプログラムを実行する言語をインタープリタ言語といいます。Python や JavaScript などはインタープリタ言語で、手軽に使える半面、実行時の速度が遅い、実行してみて初めてプログラムの問題点（バグ）がわかるなどという欠点があります。

Rust はコンパイラを使うコンパイラ言語なので、実行速度が早く、またコンパイル時に多くの問題を検出することができます。特に、Rust のコンパイラのエラーチェックはとても丁寧です。そのため、単に文法的な誤りを報告するだけでなく、論理的な間違いに気付くきっかけとなる問題さえ指摘されることがあります。さらに、間違いを修正するための候補を提案してくれることもあります。そのため、デバッグに余計な時間を費やすことが少なくなります。

多数の Rust ライブラリを利用可能

公開されているさまざまな Rust のライブラリ（クレートともいう）を利用することができます。それらを利用することで、たとえば、Web アプリや GUI アプリなど、さまざまな種類のプログラムを作成することができます。

優れた開発ツール群

プロジェクトの生成やビルド、必要なクレートのダウンロードなどを容易に行うことができる cargo というツールに、開発に必要なさまざまな機能が統合されています。また、ソースプログラムの整形を行う rustfmt や、Rust をインストールしたりアップデートする rustup など、使いやすいツールが Rust には揃っています。

C 言語のライブラリを利用可能

C 言語のライブラリを利用することができます。C 言語は比較的歴史のあるプログラミング言語でこれまでにたくさんのプログラムが書かれてきました。その膨大なプログラミング資産を Rust で活用することができます。また、いくつかの他のプログラミング

言語のプログラムとも連携するためのクレートがあります。

Unicode 対応

Rust ではソースコードに Unicode 文字を使うので、日本語を含めた世界中のさまざまな文字を自由に使うことができます。ソースコードのファイルの文字エンコーディングは UTF-8 ですが、これは現代の事実上の標準になっていて、さまざまな環境で利用することができます。

4.2 WebAssembly Studio のプロジェクト

ここでは WebAssembly Studio を使って Rust のソースプログラムから WebAssembly を生成して使うプロジェクトについて説明します。

WebAssembly Studio の「Create New Project」ダイアログボックスで「Empty Rust Project」を選択して「Create」を押します。すると、Rust のプロジェクトに必要な初期ソースファイルが生成されます。

生成されるファイルは次の通りです。

■ main.rs

main.rs はこれから WebAssembly のバイナリファイルを生成するもととなる Rust のソースファイルです。

main.rs の初期の内容は以下の通りです。

リスト 4.1 ● main.rs

```
#[no_mangle]
pub extern "C" fn add_one(x: i32) -> i32 {
    x + 1
}
```

#[no_mangle] は、関数名を修飾しないでそのまま使うことを指示します。

　上に示した Rust の関数 add_one() は、整数の引数を取り、引数の値に 1 を加えて整数を返す関数です。この関数は、extern "C" を指定することで WebAssembly のバイナリからエクスポートされて、JavaScript からあたかも C 言語の関数であるかのように見えるようにします。

■ main.html

　main.html は、Web ブラウザがこのプロジェクトのあるサイトにアクセスした際に表示される HTML ドキュメントです。

　main.html の初期の内容は以下の通りです。

リスト 4.2 ● main.html

```
<!DOCTYPE html>
<html>
<head>
  <meta charset="utf-8">
  <style>
    body {
      background-color: rgb(255, 255, 255);
    }
  </style>
</head>
<body>
  <span id="container"></span>
  <script src="./main.js"></script>
</body>
</html>
```

　このファイルでは、<style> タグで背景色を白（background-color: rgb(255, 255, 255)）にしています。

　<body> タグの中でやっていることは、id が "container" である <span> タグを定義することと、このあとで説明する main.js をロードすることだけです。

■ main.js

　main.js は、WebAssembly のバイナリファイルをロードして実行するための JavaScript のファイルです。

　main.js の初期の内容は以下の通りです。

リスト 4.3 ● main.js

```
fetch('../out/main.wasm').then(response =>
  response.arrayBuffer()
).then(bytes => WebAssembly.instantiate(bytes)).then(results => {
  instance = results.instance;
  document.getElementById("container").textContent
                                    = instance.exports.add_one(41);
}).catch(console.error);
```

　これは、fetch('../out/main.wasm') でサブディレクトリ out にある main.wasm をロードしています。そして、main.wasm の中に含まれているバイトコードをその環境で実行できるコードにコンパイルし、インスタンスを生成して、instance.exports.add_one() で関数 add_one() を実行して返された値（この例では 41 + 1 = 42）を HTML ファイルの <body> タグの中の id が "container" である <span> タグに表示します。

　WebAssembly Studio でこのプロジェクトを「build」してから「Run」を選択するか、あるいは「Build & Run」を選択すると、右下のウィンドウに「42」と表示されるはずです。

■ twice プロジェクト

　ここでは、入力された値を 2 倍する Rust プログラムから生成した WebAssembly コードを使うとても単純なプロジェクトを作成します。

　main.rs の中に自動的に生成されているコードを削除して、引数の値を 2 倍する関数 twice() を記述します。main.rs 全体は以下の通りになります。

リスト 4.4 ● main.rs

```
#[no_mangle]
pub extern "C" fn twice(x: i32) -> i32 {
```

```
    x << 1        // 「x * 2」でも良い
}
```

HTML には、最初に 2 個の <input> 要素を追加します。

```
<input type="number" id="num" value="1" step="1" />
<input type="button" value="計算" onclick="onClick();" />
```

さらに、WebAssembly バイトコードをロードして表示するための JavaScript を main.
js から持って来て、関数 twice() を実行した後で掛け算の結果を表示するようにします。

```
// 関数を呼び出す
var y = instance.exports.twice(x);

// 結果を出力する
document.getElementById("outtxt").innerHTML = x + "を2倍すると" + y;
```

HTML 全体は次のようになります。

リスト 4.5 ● main.html

```
<!DOCTYPE html>
<html>
<head>
  <meta charset="utf-8">
  <style>
    body {
      background-color: rgb(255, 255, 255);
    }
  </style>
</head>
<body>
  <span id="container"></span>
      <h3>数を2倍するサンプル</h3>
    <p>
        <input type="number" id="num" value="1" step="1" />
```

```
            <input type="button" value="計算" onclick="onClick();" />
        </p>
        <p id="outtxt">outtxt</p>
        <br />
        <script>
            function onClick() {
                var n = document.getElementById("num").value;
                var x = parseInt(n);
                fetch('../out/main.wasm').then(response =>
                  response.arrayBuffer()
                ).then(bytes => WebAssembly.instantiate(bytes)).then(results => {
                  instance = results.instance;
                  var y = instance.exports.twice(x);
                  document.getElementById("outtxt").innerHTML = x + "を2倍すると"
                                                                        └ + y;
                }).catch(console.error);
                //})();
            }
        </script>

    </body>
    </html>
```

WebAssembly Studio で実行すると、ウィンドウの右下に表示されて指定した値の2倍の値を計算することができます。

■プロジェクトのダウンロードと配置

WebAssembly Studio のメニューバーから「Download」を選択すると、ダウンロードフォルダに wasm-project.zip として保存されます。これを展開して Web サーバーの公開用ドキュメントのディレクトリに保存すると、Web ブラウザから Web サーバー経由で利用できるようになります。

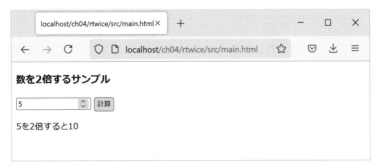

図4.1●twiceプログラムをWebブラウザで実行した例

■ main.wasm の内容

生成したWebAssemblyのバイトコードファイルmain.wasmのサイズは93バイトです。

ここでは、このファイルの概要をwasm-objdumpというツールで調べてみます（WebAssemblyのバイトコードファイルの内容詳細については第7章で説明します）。

 以下ではWebAssemblyのバイトコードファイルの内容について説明します。このようなモジュールはセクションから構成されていますが、セクションの詳細は第7章で説明します。はじめてWebAssemblyに取り組む場合は、WebAssembly Studioで生成した場合には自動的に多くの情報がバイトコードの中に埋め込まれるということだけ覚えておいて、この部分は飛ばして次節「Rustコンパイラ」に進んでかまいません。

-x オプションを付けてwasm-objdumpで調べると、次のような情報が出力されます（バージョンによって詳細が異なる場合があります）。

```
C:\wasm\ch04\rtwice\out>wasm-objdump -x main.wasm

main.wasm:      file format wasm 0x1
000004a: warning: invalid linking metadata version: 3

Section Details:

Type[1]:
```

```
 - type[0] (i32) -> i32
Function[1]:
 - func[0] sig=0 <twice>
Table[1]:
 - table[0] type=funcref initial=1 max=1
Memory[1]:
 - memory[0] pages: initial=17
Export[2]:
 - memory[0] -> "memory"
 - func[0] <twice> -> "twice"
Code[1]:
 - func[0] size=7 <twice>
Custom:
 - name: "linking"
Custom:
 - name: "name"
 - func[0] <twice>
```

　これはこのモジュールに次のようなセクション（第7章で説明）があることを表しています。

　このモジュールには最初にタイプセクションがあります。このタイプセクションは関数の型情報を表します。

```
Type[1]:
 - type[0] (i32) -> i32
```

　この場合、関数はタイプ0の引数がi32でi32の値を返す関数がこのモジュールに含まれることを示しています。

　その関数の名前は、次のファンクションセクションの情報に示されています。

```
Function[1]:
 - func[0] sig=0 <twice>
```

　関数の名前は、twice です。

次のテーブルセクションはこのモジュールのテーブルを表します。

```
Table[1]:
 - table[0] type=funcref initial=1 max=1
```

これは関数を参照するテーブルがあることを示します。

さらにメモリセクションがあって、モジュールが実行中のメモリのページ数の初期値が 17 ページであることを表します（1 ページは 64 KB）。

```
Memory[1]:
 - memory[0] pages: initial=17
```

エクスポートセクションは、モジュールからエクスポートされる関数を表します。

```
Export[2]:
 - memory[0] -> "memory"
 - func[0] <twice> -> "twice"
```

コードセクションには唯一の関数の実行可能なコードがこのモジュールに埋め込まれていることを示しています。

```
Code[1]:
 - func[0] size=7 <twice>
```

カスタムセクションはプログラムの実行には必須ではないその他の情報を表します。

```
Custom:
 - name: "linking"
Custom:
 - name: "name"
 - func[0] <twice>
```

　このプロジェクトの場合、twice() という関数を利用できるようにした WebAssembly のバイトコードファイルの情報はとてもシンプルです。しかし、すべての場合にこのように単純な情報を持つわけではなく、多くの情報がバイトコードの中に埋め込まれる場合もあります。

■ Hello プロジェクト

　WebAssembly Studio の「Create New Project」ダイアログボックスで「Hello World Rust Project」を選択して「Create」を押します。すると、Rust 言語のいわゆる「Hello World」プロジェクトに必要な初期ソースファイルが生成されます。

　生成されるファイルは lib.rs、main.html、main.js の 3 種類です。ファイルの内容についてはそれぞれのファイルのコメントと、README.md に書かれています。

　lib.rs の内容は次の通りです。

リスト 4.6 ● lib.rs

```
// Current prelude for using `wasm_bindgen`, and this'll get smaller over time!
#![feature(proc_macro, wasm_custom_section, wasm_import_module)]
extern crate wasm_bindgen;
use wasm_bindgen::prelude::*;

// Here we're importing the `alert` function from the browser, using
// `#[wasm_bindgen]` to generate correct wrappers.
#[wasm_bindgen]
extern {
    fn alert(s: &str);
}


// Here we're exporting a function called `greet` which will display a greeting
// for `name` through a dialog.
#[wasm_bindgen]
pub fn greet(name: &str) {
    alert(&format!("Hello, {}!", name));
}
```

main.html の内容は次の通りです。

リスト 4.7 ● main.html

```html
<!DOCTYPE html>
<html>
<head>
  <meta charset="utf-8">
  <style>
    body {
      background-color: rgb(255, 255, 255);
    }
  </style>
</head>
<body>
  <span id="container"></span>
  <script src="../out/main.js"></script>
  <script src="./main.js"></script>
</body>
</html>
```

main.js の内容は次の通りです。

リスト 4.8 ● main.js

```js
const { greet } = wasm_bindgen;

function runApp() {
  greet('World');
}

// Load and instantiate the wasm file, and we specify the source of the wasm
// file here. Once the returned promise is resolved we're ready to go and
// use our imports.
wasm_bindgen('../out/main_bg.wasm').then(runApp).catch(console.error);
```

このプロジェクトをビルドすると、out サブディレクトリに main_bg.wasm と main.js が生成されます。

　生成された main.js は上に示した main.js の前に HTML にロードされます。out サブディレクトリに生成された main.js の内容は次の通りです（見やすいように整形しています）。

リスト 4.9 ● out/main.js

```
(function () {
    var wasm;
    const __exports = {};


    let cachedDecoder = new TextDecoder('utf-8');

    let cachegetUint8Memory = null;
    function getUint8Memory() {
        if (cachegetUint8Memory === null ||
            cachegetUint8Memory.buffer !== wasm.memory.buffer)
            cachegetUint8Memory = new Uint8Array(wasm.memory.buffer);
        return cachegetUint8Memory;
    }

    function getStringFromWasm(ptr, len) {
        return cachedDecoder.decode(getUint8Memory().subarray(ptr, ptr + len));
    }

    __exports.__wbg_f_alert_alert_n = function (arg0, arg1) {
        let varg0 = getStringFromWasm(arg0, arg1);
        alert(varg0);
    };

    let cachedEncoder = new TextEncoder('utf-8');

    function passStringToWasm(arg) {

        const buf = cachedEncoder.encode(arg);
        const ptr = wasm.__wbindgen_malloc(buf.length);
        getUint8Memory().set(buf, ptr);
        return [ptr, buf.length];
    }
```

```
    __exports.greet = function (arg0) {
        const [ptr0, len0] = passStringToWasm(arg0);
        try {
            return wasm.greet(ptr0, len0);
        } finally {
            wasm.__wbindgen_free(ptr0, len0 * 1);
        }
    };

    __exports.__wbindgen_throw = function (ptr, len) {
        throw new Error(getStringFromWasm(ptr, len));
    };

    function init(wasm_path) {
        return fetch(wasm_path)
            .then(response => response.arrayBuffer())
            .then(buffer => WebAssembly.instantiate(buffer,
                                 └ { './rustc_h_7qzvlzsr9br': __exports }))
            .then(({ instance }) => {
                wasm = init.wasm = instance.exports;
                return;
            });
    };
    self.wasm_bindgen = Object.assign(init, __exports);
})();
```

　このプロジェクトを WebAssembly Studio の中で実行すると、別のウィンドウが開い
て「Hello, World!」と表示されます。

　このプロジェクトをダウンロードして Web サーバーに保存して Web ブラウザで表示
した例を次の図に示します。

図4.2●HelloプロジェクトをWebブラウザで表示した例

4.3 Rust コンパイラ

　ここでは、Rust のソースプログラムから Rust のコンパイラを使って WebAssembly の
バイトコード（モジュール）を生成し、生成したモジュールを HTML ドキュメントの中
の JavaScript で実行する方法を説明します。

■ WebAssembly 対応 Rust の準備

　Rust のコンパイラを使って WebAssembly のバイトコード（モジュール）を生成する
には、あらかじめ Rust をインストールして WebAssembly に対応できるようにする必要
があります。

　Rust をインストールしたら、念のために Rust を更新します。

```
rustup update
```

　さらに、WebAssembly 用にコンパイルするために、target を追加します。

```
rustup target add wasm32-unknown-unknown
```

　これで Rust から WebAssembly のモジュールを生成することができるようになります。

■ Rust から WebAssembly の生成

　最初に単純な Rust の関数を作ります。作成した関数は WebAssembly のモジュールにして、あとで HTML の中で JavaScript を使って呼び出します。

　ここで作成する関数は、引数の値を 2 倍にして返す twice() です。Rust の関数は次のように fn を使って定義します。引数の型と戻り値の型はどちらも i32（32 ビット整数）にしました。

```
fn twice(x: i32) -> i32 {
    x << 1
}
```

　値を 2 倍するために左シフト演算「<< 1」を使っていますが、乗算で 2 倍にする「*2」でもかまいません。

　このファイルには main() がないので、#![no_main] を追加します。また、標準ライブラリを使わないので、#![no_std] も追加します。さらに、関数名をそのまま使いたいので、コンパイルしたあとで修飾した関数名にならないようにするための #[no_mangle] も追加します。そして、この関数に外部からアクセスできるように、キーワード pub を付けます。

　こうすることで、JavaScript から twice という名前で関数にアクセスできるようになります。

```
#![no_main]
#![no_std]

#[no_mangle]
pub fn twice(x: i32) -> i32 {
    x << 1
}
```

　なお、#[no_std] を指定すると libstd にあるパニック処理が使えないので、パニックが発生した際のハンドラを追加します。

```
#[panic_handler]
fn panic(_info: &core::panic::PanicInfo) -> ! {
    loop {}
}
```

こうして、引数の値を 2 倍する関数 twice() を持つ Rust のプログラム twice.rs 全体ができあがります。

リスト 4.10 ● twice.rs

```
#![no_main]
#![no_std]

#[panic_handler]
fn panic(_info: &core::panic::PanicInfo) -> ! {
    loop {}
}

#[no_mangle]
pub fn twice(x: i32) -> i32 {
    x << 1
}
```

このプログラムは次のようにしてコンパイルします。

```
rustc --target wasm32-unknown-unknown twice.rs -C opt-level=1
```

コンパイルした結果として、WebAssembly のファイル twice.wasm が生成されます。twice.wasm はバイナリファイルです。その内容は 16 進数表現で次のようになっていますが、ここではその詳細には立ち入りません。。WebAssembly の仮想マシン（Web ブラウザなど）で実行できるバイナリファイルが生成されるという点だけを認識しておけば十分です。バイナリファイルの内容については第 7 章で解説します。

```
C:¥wasm¥ch02¥twice>hdump twice.wasm
00 61 73 6D 01 00 00 00 01 06 01 60 01 7F 01 7F
```

```
03 02 01 00 04 05 01 70 01 01 01 05 03 01 00 10
06 19 03 7F 01 41 80 80 C0 00 0B 7F 00 41 80 80
C0 00 0B 7F 00 41 80 80 C0 00 0B 07 2D 04 06 6D
65 6D 6F 72 79 02 00 05 74 77 69 63 65 00 00 0A
5F 5F 64 61 74 61 5F 65 6E 64 03 01 0B 5F 5F 68
65 61 70 5F 62 61 73 65 03 02 0A 09 01 07 00 20
00 41 01 74 0B 00 0F 04 6E 61 6D 65 01 08 01 00
05 74 77 69 63 65
```

この twice.wasm を JavaScript から呼び出すために、次のような一連のコードが必要になります。

```
const bin = await (await fetch("./twice.wasm")).arrayBuffer();
const wasm = await WebAssembly.instantiate(bin);
const ex = wasm.instance.exports;
const twice = ex.twice;
```

fetch() でバイナリファイルをロードし、instantiate() でバイナリを Web ブラウザで実行できるようにコンパイルしてからインスタンスを作成し、エクスポートされた twice() を呼び出せるようにします。

twice() を呼び出すには、引数を指定して単に関数を呼び出したい場所に記述するだけです。関数の戻り値はそのまま JavaScript の変数に代入したり式の中で使うことができます。

```
var x = twice(12);
```

HTML の中にこの一連のコードを JavaScript のスクリプトとして記述します。

リスト 4.11 ● twice.html

```
<!DOCTYPE html>
<html xmlns="http://www.w3.org/1999/xhtml" xml:lang="ja" lang="ja">

<head>
    <meta http-equiv="Content-Type" content="text/html; charset=UTF-8" />
```

```
        <meta http-equiv="cache-control" content="no-cache">
        <title>WebAssemblyのテスト</title>
        <script type="module">
            (async () => {
                const bin = await (await fetch("./twice.wasm")).arrayBuffer();
                const wasm = await WebAssembly.instantiate(bin);
                const ex = wasm.instance.exports;
                const twice = ex.twice;
                document.body.textContent = "12を2倍すると" + twice(12);
            })();
        </script>
    </head>
    <body>
    </body>

    </html>
```

この例では、最後の `document.body.textContent` で関数 `twice()` を実行した結果を出力しています。

`twice.wasm` と `twice.html` は Web サーバーの公開ドキュメントのディレクトリに保存します。

Web サーバーを介して `twice.html` を表示して WebAssembly のモジュールを実行すると、次のように表示されます。

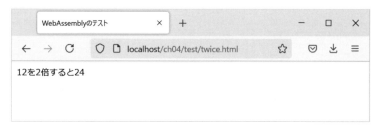

図4.3●実行例

■ twice.wasm の内容

　生成した WebAssembly のバイトコードファイル twice.wasm のサイズは 134 バイト
です。

　ここでは、このファイルの概要を wasm-objdump というツールで調べてみます。

　-x オプションを付けて wasm-objdump で調べると、次のような情報が出力されます
（バージョンによって詳細が異なる場合があります）。

```
C:\wasm\ch04\test>wasm-objdump -x twice.wasm

twice.wasm:      file format wasm 0x1

Section Details:

Type[1]:
 - type[0] (i32) -> i32
Function[1]:
 - func[0] sig=0 <twice>
Table[1]:
 - table[0] type=funcref initial=1 max=1
Memory[1]:
 - memory[0] pages: initial=16
Global[3]:
 - global[0] i32 mutable=1 - init i32=1048576
 - global[1] i32 mutable=0 <__data_end> - init i32=1048576
 - global[2] i32 mutable=0 <__heap_base> - init i32=1048576
Export[4]:
 - memory[0] -> "memory"
 - func[0] <twice> -> "twice"
 - global[1] -> "__data_end"
 - global[2] -> "__heap_base"
Code[1]:
 - func[0] size=7 <twice>
Custom:
 - name: "name"
 - func[0] <twice>
```

　プロジェクトでは使っていないエクスポートやカスタムセクションの情報があること

がわかります。

■ Rust のプロジェクト

一般的には、Rust のプログラムは Cargo というツールを使ってプロジェクトとして作成します。

Cargo を使った WebAssembly 用の Rust のプロジェクト作成の例として、新しいプロジェクトをライブラリのプロジェクトとして作成します。

次の例は rustwasm という名前のプロジェクトを作成する例です。

```
$ cargo new --lib rustwasm
```

指定したプロジェクト名のフォルダが作成されて、その中の src サブディレクトリに Rust のソースファイルのひな型である lib.rs が生成されます。また、プロジェクトのビルドに関する設定が保存される Cargo.toml も生成されます（さらに他のファイルも生成されますが本書の説明の中では使いません）。

プロジェクトの初期ファイルが生成されたら、WebAssembly に不要な情報を生成しないようにするために、Cargo.toml を開いて次のように [lib] セクションを追加します。

リスト 4.12 ● Cargo.toml

```
[lib]
crate-type = ["cdylib"]
```

Rust のプログラムを作成します。プロジェクトのサブディレクトリ src にすでに初期ファイル lib.rs が生成されているので、lib.rs の中に自動的に生成されたコードはすべて削除するかコメントアウトして、このファイルの内容を次のように書き換えます。

リスト 4.13 ● lib.rs

```
#[no_mangle]
pub fn twice(x: i32) -> i32 {
    x << 1
}
```

　プロジェクトのディレクトリ rustwasm に移動してから、次のコマンドで Rust のプロジェクトを WebAssembly にコンパイルします．

```
$ cargo build --target=wasm32-unknown-unknown --release
```

　このように --release オプションを付けることでデバッグ情報が付加されなくなります。
　コンパイルが成功すると、次に示すターゲットディレクトリに WebAssembly のバイナリファイル rustwasm.wasm が生成されます。

```
rustwasm¥target¥wasm32-unknown-unknown¥release
```

　リスト 4.11 の twice.html とほぼ同様な HTML ファイルを作成します。twice.html と異なるのは、fetch するファイル名を rustwasm.wasm に変更する点だけです。

リスト 4.14 ● testprj.html

```html
<!DOCTYPE html>
<html xmlns="http://www.w3.org/1999/xhtml" xml:lang="ja" lang="ja">

<head>
    <meta http-equiv="Content-Type" content="text/html; charset=UTF-8" />
    <meta http-equiv="cache-control" content="no-cache">
    <title>WebAssemblyのテスト</title>
    <script type="module">
        (async () => {
            const bin = await (await fetch("./rustwasm.wasm")).arrayBuffer();
            const wasm = await WebAssembly.instantiate(bin);
            const ex = wasm.instance.exports;
            const twice = ex.twice;
            document.body.textContent = "12を2倍すると" + twice(12);
        })();
    </script>
</head>
<body>
</body>
```

```
</html>
```

　testprj.html と rustwasm.wasm を Web サーバーの公開ドキュメントのディレクトリに保存して Web ブラウザからアクセスすると、次のように表示されます。

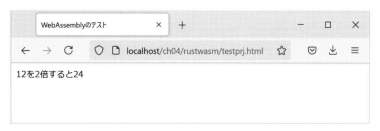

図4.4●プロジェクトとして生成したファイルの実行例

　生成した WebAssembly のバイトコードファイル main.wasm のサイズは 1,583,471 バイトあります。このサイズは、単純なソースファイルに比べてとても大きいといえます。このファイルの概要は wasm-objdump というツールで調べてみることができます。

4.4　値の受け渡し

　ここでは、WebAssembly の関数と JavaScript との間での値の受け渡しについて説明します。

■整数の受け渡し

　整数を関数の戻り値として JavaScript のコードで受け取る方法はすでに示しました。
　これまでの説明どおりに関数 twice() を呼び出せるように準備したら、単に引数を指定して関数 twice() を呼び出したい場所に記述するだけです。関数の戻り値はそのまま JavaScript の変数に代入したり式の中で使うことができます。

```
var x = twice(12);
```

　次に示す JavaScript を含んだ HTML は、既存の twice.wasm を読み込んで、type が number である <input> 要素から受け取った値を引数に twice() を呼び出し、その結果を <p> 要素に出力する例です。

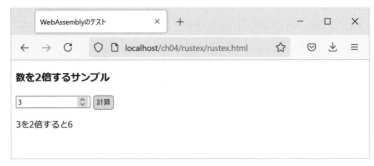

図4.5●rustex.htmlの表示例

　<input> 要素から値を受け取るのは通常の JavaScript のコードそのものです。そして受け取った値を parseInt() で整数に変換します。

```
var n = document.getElementById("num").value;
var x = parseInt(n);
```

　関数 twice() を呼び出したら、戻り値を結果として受け取って表示します。

```
document.getElementById("outtxt").innerHTML = n + "を2倍すると" + twice(x);
```

　HTML ファイル全体は次のようになります。

リスト 4.15 ● rustex.html

```
<!DOCTYPE html>
<html xmlns="http://www.w3.org/1999/xhtml" xml:lang="ja" lang="ja">
```

```
<head>
    <meta http-equiv="Content-Type" content="text/html; charset=UTF-8" />
    <meta http-equiv="cache-control" content="no-cache">
    <title>WebAssemblyのテスト</title>
</head>

<body>
    <h3>数を2倍するサンプル</h3>
    <p>
        <input type="number" id="num" value="1" step="1" />
        <input type="button" value="計算" onclick="onClick();" />
    </p>
    <p id="outtxt">outtxt</p>
    <br />
    <script>
        function onClick() {
            var n = document.getElementById("num").value;
            var x = parseInt(n);
            (async () => {
                const bin = await (await fetch("./twice.wasm")).arrayBuffer();
                const wasm = await WebAssembly.instantiate(bin);
                const ex = wasm.instance.exports;
                const twice = ex.twice;
                document.getElementById("outtxt").innerHTML
                    = n + "を2倍すると" + twice(x);
            })();
        }
    </script>
</body>

</html>
```

■複数の引数の受け渡し

次に、引数が 2 個の関数を Rust で作成して、HTML の JavaScript から複数回呼び出す例を示します。

ここでは、次のようなパスワードを入力して「暗号化」ボタンをクリックすると、そ

れを暗号化した文字列と暗号を復号化した文字列を表示するアプリケーションを作成します。暗号化の方法にはシーザー（caesar）法と呼ぶ文字の値をシフトする方法を使います。

図4.6●シーザー法による暗号化と復号化

なお、このプログラムが扱う文字列は英数文字のみとします。

最初に caesar という名前のプロジェクトを作成します。

```
$ cargo new --lib caesar
```

プロジェクトの初期ファイルが生成されたら、WebAssembly に不要な情報を生成しないようにするために、Cargo.toml を開いて次のように [lib] セクションを追加します。

リスト 4.16 ● Cargo.toml

```
[lib]
crate-type = ["cdylib"]
```

Rust のプログラムを作成します。プロジェクトのサブディレクトリ src にすでに初期ファイル lib.rs が生成されているので、lib.rs の中に自動的に生成されたコードはすべて削除するかコメントアウトして、このファイルの内容を次のように書き換えます。

リスト 4.17 ● lib.rs

```rust
#[no_mangle]
pub fn shift(x: i32, k: i32) -> i32 {
    x + k
}
```

　プロジェクトのディレクトリ caesar に移動してから、次のコマンドで Rust のプロジェクトを WebAssembly にコンパイルします.

```
$ cargo build --target=wasm32-unknown-unknown --release
```

　コンパイルが成功すると、次に示すターゲットディレクトリに WebAssembly のバイナリファイル main.wasm が生成されます。
　次に HTML ファイルを作成します。
　暗号化するためには、main.wasm の中の shift() を使って文字コードの値を k だけシフトします（k の値は暗号化後の文字コードの値が ASCII 文字として表示できる範囲であれば任意ですが、このプログラムの場合は 1 ～ 3 程度が適切です）。

```javascript
fetch('./main.wasm').then(response =>
      response.arrayBuffer()
    ).then(bytes => WebAssembly.instantiate(bytes)).then(results => {
    instance = results.instance;
    ex = instance.exports;
    for (let i = 0; i < s.length; i++) {
      code = s.charCodeAt(i);
      code = ex.shift(code, k);          // kだけシフトする
      ss = ss + String.fromCharCode(code);
    }
    document.getElementById("cipher").innerHTML = "暗号化：" + ss;
```

　復号化は、暗号化の時とは逆にシフトします。

```
s = "";
for (let i = 0; i < ss.length; i++) {
  code = ss.charCodeAt(i);
  code = ex.shift(code, -1 * k);        // -kだけシフトする
  s = s + String.fromCharCode(code);
}
document.getElementById("plaintext").innerHTML = "復号化：" + s;
```

HTML ファイル全体は次のようになります。

リスト 4.18 ● caesar.html

```
<!DOCTYPE html>
<html>

<head>
  <meta charset="utf-8">
  <meta http-equiv="Content-Type" content="text/html; charset=UTF-8" />
  <meta http-equiv="cache-control" content="no-cache">
</head>

<body>
  <script>
    function OnBtnClick() {
      s = document.getElementById("passwd").value;
      ss = "";
      k = 1;
      fetch('./main.wasm').then(response =>
        response.arrayBuffer()
      ).then(bytes => WebAssembly.instantiate(bytes)).then(results => {
        instance = results.instance;
        ex = instance.exports;
        for (let i = 0; i < s.length; i++) {
          code = s.charCodeAt(i);
          code = ex.shift(code, k);
          ss = ss + String.fromCharCode(code);
        }
        document.getElementById("cipher").innerHTML = "暗号化：" + ss;
```

```
      s = "";
      for (let i = 0; i < ss.length; i++) {
        code = ss.charCodeAt(i);
        code = ex.shift(code, -1 * k);
        s = s + String.fromCharCode(code);
      }
      document.getElementById("plaintext").innerHTML = "復号化：" + s;
    }).catch(console.error);

  }
</script>
<span id="container"></span>
<div>
  <label>パスワード</label>
  <input type="text" id="passwd" value="">
  <input type="button" value="暗号化" onclick="OnBtnClick();" /><br />
</div>
<div id="cipher">cipher</div>
<div id="plaintext">plaintext</div>
</body>

</html>
```

HTML ファイルと caesar.wasm を Web サーバーの同じディレクトリに置いて Web ブラウザで実行した例を次の図に示します。

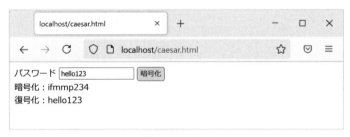

図4.7●実行例

■実数の複数の引数

　ここでは WebAssembly Studio を使って、引数が 3 個の関数がある WebAssembly モジュールを作成します。

　このモジュールは、式「x * y + z」を計算する関数 calculate() を含み、この関数を HTML に埋め込んだ JavaScript から利用します。

　サイトの実行例を次に示します。

図4.8●「x * y + zの計算」の実行例

　WebAssembly Studio で Rust の新規プロジェクトを作成したら、まず、関数 calculate() を main.rs に定義します。

リスト 4.19 ● main.rs

```
#[no_mangle]
pub extern "C" fn calculate(x: f32, y:f32, z:f32) -> f32 {
    x * y + z
}
```

　そして、次のような HTML を作成します。

リスト 4.20 ● main.html

```
<!DOCTYPE html>
<html>

<head>
  <meta http-equiv="Content-Type" content="text/html; charset=UTF-8" />
  <meta http-equiv="cache-control" content="no-cache">
  <title>WebAssemblyのテスト</title>
  <style>
```

```html
    body {
      background-color: rgb(255, 255, 255);
    }
  </style>
</head>

<body>
  <h3>x * y + z の計算</h3>
  <p>
    <input type="number" id="num1" value="1.0" step="0.1" />×
    <input type="number" id="num2" value="1.0" step="0.1" />＋
    <input type="number" id="num3" value="1.0" step="0.1" />
    <input type="button" value="計算" onclick="onClick();" />
  </p>
  <p id="outtxt">outtxt</p>
  <br />
  <script>
    function onClick() {
      var n1 = document.getElementById("num1").value;
      var n2 = document.getElementById("num2").value;
      var n3 = document.getElementById("num3").value;
      var x = parseFloat(n1);
      var y = parseFloat(n2);
      var z = parseFloat(n3);
      fetch('../out/main.wasm').then(response =>
        response.arrayBuffer()
      ).then(bytes => WebAssembly.instantiate(bytes)).then(results => {
        instance = results.instance;
        document.getElementById("outtxt").innerHTML
            = "＝" + instance.exports.calculate(x, y, z);
      }).catch(console.error);
    }
  </script>
</body>

</html>
```

これをビルドすると、`main.wasm` が生成されます。

　　さて、ここで図 4.8 の実行例をもう一度見てください。計算結果が正しくないことに気づいたでしょうか。

　　「1.6 × 2.9 + 2.2」の結果は、正しくは 6.84 です。しかし、図に示した実際の結果を見てみると、6.840000152587891 になっています。これは実数を内部の 2 進表現に変換して計算するときに発生する誤差が現れたものです。

　　この例のように実数計算では誤差が発生することがあるので注意してください。

4.5　JavaScript 関数の呼び出し

　　ここでは、WebAssembly のコードの中で JavaScript の関数を呼び出す方法を説明します。

■関数 Math.random() の呼び出し

　　ここでは、JavaScript の関数 Math.random() を Rust のコードの中で呼び出す例を示します。

　　Cargo を使って WebAssembly 用の Rust のプロジェクト calljs を作成します。

```
$ cargo new --lib calljs
```

　　指定したプロジェクト名のフォルダが作成されて、その中の src サブディレクトリに Rust のソースファイルのひな型である lib.rs が生成されます。また、プロジェクトのビルドに関する設定が保存される Cargo.toml も生成されます（さらに他のファイルも生成されますが本書の説明の中では使いません）。

　　プロジェクトの初期ファイルが生成されたら、WebAssembly に不要な情報を生成しないようにするために、Cargo.toml を開いて次のように [lib] セクションを追加します。

リスト 4.21 ● Cargo.toml

```toml
[package]
name = "calljs"
version = "0.1.0"
authors = ["notes"]
edition = "2018"

[lib]
crate-type = ["cdylib"]
```

　Rust のプログラムを作成します。プロジェクトのサブディレクトリ src にすでに初期ファイル lib.rs が生成されているので、lib.rs の中に自動的に生成されたコードはすべて削除するかコメントアウトして、このファイルの内容を次のように書き換えます。

リスト 4.22 ● lib.rs

```rust
extern {
    fn math_random() -> f64;
}

#[no_mangle]
pub fn get_rnd() -> f64 {
    unsafe {
        math_random()
    }
}
```

　ここでは extern で外部の関数（JavaScript の関数）として math_random() を定義します。そして、JavaScript から呼び出す関数 get_rnd() の中では unsafe コンテキストで関数 math_random() を呼び出します。

> **Note**　ここでは、JavaScript から WebAssembly の中にある関数で JavaScript の関数を呼び出しています。実際には、目的が乱数を生成するだけであれば、このような回りくどいことをする必要はありませんが、WebAssembly の中で JavaScript の関数を使う単純な例として示しています。

　プロジェクトのディレクトリ calljs に移動してから、次のコマンドで Rust のプロジェクトを WebAssembly にコンパイルします．

```
$ cargo build --target=wasm32-unknown-unknown --release
```

　コンパイルが成功すると、次に示すターゲットディレクトリに WebAssembly のバイナリファイル calljs.wasm が生成されます。

```
calljs¥target¥wasm32-unknown-unknown¥release
```

　次に Rust 経由で JavaScript の関数を呼び出すコードを含む HTML ファイルを作成します。
　このとき imports として実際に呼び出す関数 Math.random を math_random として定義して、WebAssembly.instantiate の引数に imports を追加します。

```
const imports = {
    env: {
        math_random: Math.random,
    },
}
    (略)
    .then((bytes) => WebAssembly.instantiate(bytes, imports))
```

　HTML 全体は次のようになります。

リスト 4.23 ● calljs.html

```
<!DOCTYPE html>
<html xmlns="http://www.w3.org/1999/xhtml" xml:lang="ja" lang="ja">

<head>
    <meta http-equiv="Content-Type" content="text/html; charset=UTF-8" />
    <meta http-equiv="cache-control" content="no-cache">
    <title>WebAssemblyのテスト</title>
    <p id="outtxt">outtxt</p>
```

```
    <script>
        const imports = {
            env: {
                math_random: Math.random,
            },
        }
        const wasm = './calljs.wasm'
        fetch(wasm)
            .then((response) => response.arrayBuffer())
            .then((bytes) => WebAssembly.instantiate(bytes, imports))
            .then((results) => {
                const { get_rnd } = results.instance.exports
                s = "";
                for (let i = 0; i < 5; i++) {
                    random = get_rnd()
                    s = s + "<p>" + random + "</p>";
                }
                document.getElementById("outtxt").innerHTML = s;
            })
    </script>
</head>

<body>
</body>

</html>
```

　calljs.html と calljs.wasm を Web サーバーの公開ドキュメントのディレクトリに保存して Web ブラウザからアクセスすると、乱数が 5 回生成されて、次のように表示されます。

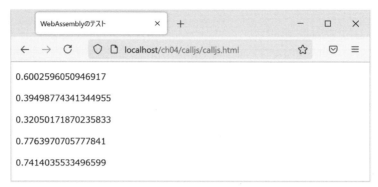

図4.9●calljsの実行例

この例はあくまでも Rust の関数の中で JavaScript の関数を呼び出す方法を説明するための
ものです。Rust にも JavaScript にも乱数を生成する関数はあるので、単に乱数を発生させ
て使いたいだけならばこのようなテクニックを使う必要はありません。プログラムを移植する
場合や大規模なプログラムで Rust の関数から JavaScript の関数を呼び出す必要が生じた場
合に、このテクニックを使ってください。

AssemblyScript

ここでは AssemblyScript について解説します。

5.1　AssemblyScript

最初に AssemblyScript の概要と特徴を説明します。

■ AssemblyScript の概要

　AssemblyScript は、TypeScript のサブセットの言語とそれを処理して WebAssembly を生成する処理系を指します。

　TypeScript は、JavaScript を拡張して作成されたプログラミング言語で、静的に型付けされ、クラスの作成もできます。AssemblyScript も静的型付けされて、クラスも活用できます。

　TypeScript のソースは JavaScript に変換して JavaScript の環境で実行することができます。それに対して、AssemblyScript は、WebAssembly のバイナリファイル（.wasm）に変換して Web ブラウザなどで実行されることを前提にしています。

■ AssemblyScript の特徴

　AssemblyScript は TypeScript の特徴を多くの面で引き継いでいます。たとえば、静的に型付けされているので、実行してみないとわからない間違いなどを未然に防ぐことが期待できます。あとで実例を示しますが、AssemblyScript は TypeScript よりも型の指定が厳密なので、TypeScript よりさらに厳格にエラーを検出できます。

　すでに説明したように、AssemblyScript は WebAssembly のバイナリファイルに変換して使うので、TypeScript に比べてコードサイズが小さく、より早くロードできます。

　AssemblyScript のソースファイルの拡張子は、次に説明する TypeScript の拡張子と同じ .ts です。

5.2 TypeScript

TypeScript は JavaScript を拡張して静的型付けできるようにした言語で、AssemblyScript のベースとなるスクリプト言語です。

■ TypeScript の概要

TypeScript は、JavaScript を拡張して作成されたプログラミング言語で、静的に型付けされ、クラスの作成もできます。とはいえ、AssemblyScript に比べて TypeScript の型付けは緩いので、実行時にならないとわからない間違いなどを未然に防ぐことができない場合があります。たとえば、AssemblyScript は整数型 4 種類（i32、i64、u32、u64n）、実数型 2 種類（f32、f64）の型が定義されているのに対して、TypeScript の数値型には mumber を使い、その主な目的は文字列型と区別するだけです。

また、TypeScript は、WebAssembly のバイナリファイル（.wasm）に変換される AssemblyScript にくらべてファイルサイズが大きく、ロードにも時間がかかります。

TypeScript のソースは JavaScript に変換して JavaScript の環境で実行することができ、JavaScript との混在も可能なので、JavaScript を書き替える際に一時的に使うなどの用途には向いています。

■ 単純な TypeScript ファイルの例

ここでは、TypeScript で「Hello TypeScript」を表示する方法を説明します。

最初に TypeScript ファイルや設定ファイルを保存するためのディレクトリを作成し、作成したディレクトリに移動します。

```
$ mkdir hello
$ cd hello/
```

この準備ができたら、「Hello TypeScript」を表示するための次のような TypeScript ファイルを作成します。

リスト 5.1 ● hello.ts

```
let message: string = "Hello TypeScript";

document.body.innerHTML=message;
```

次にコンパイルのための設定ファイルを次のコマンドで生成します。

```
$ tsc --init
```

これで、tsconfig.json という JSON のファイルが生成されます。このファイルには
TypeScript ファイルから JavaScript ファイルを生成するための標準的な設定が含まれ
ます。

そして TypeScript を JavaScript に変換する tsc コマンドを実行します。

```
$ tsc
```

問題なく変換が完了すると次のような hello.js ファイルが生成されます。

リスト 5.2 ● hello.js

```
"use strict";
var message = "Hello TypeScript";
document.body.innerHTML = message;
```

「"use strict";」はこの JavaScript ファイルを厳格（strict）モードで実行するように
します。厳格モードでは、従来は許容された一部のミスをエラーとして扱います。

この JavaScript ファイルを表示するために、次のような HTML ファイルを用意します。

リスト 5.3 ● hellots.html

```
<!DOCTYPE html>
<html>

<head>
    <title>htmlで表示する例</title>
```

```
</head>

<body>
    <span id="container"></span>
    <script src="hello.js"></script>
</body>

</html>
```

この HTML ファイルをブラウザで表示すると、次のように表示されます。

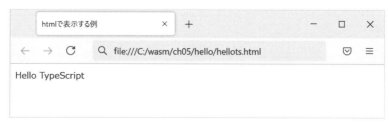

図5.1 ●hellots.htmlを表示した例

5.3 AssemblyScript のプログラム

AssemblyScript は、TypeScript や JavaScript よりプログラムの型を厳格に扱います。

■ AssemblyScript の書き方

AssemblyScript は、JavaScript や TypeScript により厳密な型を導入したものとみなすことができます。いいかえると、JavaScript や TypeScript の知識と経験にわずかな知識を追加することで AssemblyScript を使うことができます。

AssemblyScript で最も重要なのはデータ型でしょう。AssemblyScript には次のような型があります。

表5.1●AssemblyScriptの型

AssemblyScript型	WebAssemblyの型	説明
i32	i32	32ビット符号付き整数
u32	i32	32ビット符号なし整数
i64	i64	64ビット符号付き整数
u64	i64	64ビット符号なし整数
f32	f32	32ビット浮動小数点数
f64	f64	64ビット浮動小数点数
v128	v128	128ビットベクター
anyref	anyref	Opaqueホストリファレンス
i8	i32	8ビット符号付き整数
u8	i32	8ビット符号なし整数
i16	i32	16ビット符号付き整数
u16	i32	16ビット符号なし整数
bool	i32	1ビット符号なし整数
isize	i32（WASM32） i64（WASM64）	WASM32では32ビット符号付き整数、 WASM64では64ビット符号付き整数。
usize	i32（WASM32） i64（WASM64）	WASM32では32ビット符号なし整数、 WASM64では64ビット符号なし整数。
void	-	戻り値がないことを示す
auto	?	推測型

型はコロンの後に指定します。

```
var  i8val: i8  = -128

function isString<T>(value?: T): bool
```

■単純な AssemblyScript のサンプル

　ここで比較的単純な AssemblyScript のソースの例を示します。

　次の例は、AssemblyScript のドキュメント「The AssemblyScript Book」に掲載されている、フィボナッチ数例を生成する AssemblyScript プログラムの例です。

リスト 5.4 ● fib.ts

```
export function fib(n: i32): i32 {
  var a = 0, b = 1
  if (n > 0) {
    while (--n) {
      let t = a + b
      a = b
      b = t
    }
    return b
  }
  return a
}
```

これは TypeScript のソースにきわめて似ていますが、型を示す i32 は AssemblyScript 独自のものです。

試しに、これを TypeScript のソースとみなして「tsc fib.ts」でコンパイルすると、「error TS2304: Cannot find name 'i32'」というメッセージが報告されて、コンパイルできません。

組み込み型だけでいえば、TypeScript では数値には number という型を指定しますが、AssemblyScript には前節でも述べたように 4 種類の整数型（i32、i64、u32、u64）か、2 種類の実数型（f32、f64）のいずれかの型を指定します。AssemblyScript は型について TypeScript より厳密であるということができます。

AssemblyScript としてファイル fib.sc を処理するには、次のコマンドを実行します。

```
$ asc fib.ts -b fib.wasm -O3
```

これで fib.wasm が生成されます。

生成された WebAssembly モジュールは、次のような JavaScript でロードして実行することができます。

```
const bin = await (await fetch("./fib.wasm")).arrayBuffer();
const wasm = await WebAssembly.instantiate(bin);
```

```
const ex = wasm.instance.exports;
ex.fib(i);
```

　この JavaScript を含む次のような HTML ファイルを作成すると、作成した
WebAssembly モジュールを繰り返し実行して 0 から 10 までの 11 個のフィボナッチ数
列を出力することができます。

リスト 5.5 ● fib.html

```
<!DOCTYPE html>
<html xmlns="http://www.w3.org/1999/xhtml" xml:lang="ja" lang="ja">

<head>
    <meta http-equiv="Content-Type" content="text/html; charset=UTF-8" />
    <meta http-equiv="cache-control" content="no-cache">
    <title>WebAssemblyのテスト</title>
</head>

<body>

    <textarea id="output" style="height: 100%; width: 100%" readonly></textarea>
    <script>
        (async () => {
            const bin = await (await fetch("./fib.wasm")).arrayBuffer();
            const wasm = await WebAssembly.instantiate(bin);
            const ex = wasm.instance.exports;
            const output = document.getElementById('output')
            for (let i = 0; i <= 10; ++i) {
                output.value += `fib(${i}) = ${ex.fib(i)}¥n`
            }
        })();

    </script>
</body>

</html>
```

　実行例を次に示します。

図5.2●fib.htmlをWebサーバーを介して表示した例

5.4　AssemblyScript のプロジェクト

ここでは npm でプロジェクトを作成する方法を説明します。

■ astwice プロジェクトの作成

ここで作成するのは、数を 2 倍する AssemblyScript のコードを使って、指定した数の 2 倍の値を表示するプロジェクトです。

まず、新しいディレクトリを作成して初期化します。

```
$ mkdir astwice
$ cd astwice
$ npm init
 （略）
package name: (astwice)
version: (1.0.0)
description:
entry point: (index.js)
test command:
```

```
git repository:
keywords:
author:
license: (ISC)
About to write to C:¥wasm¥ch05¥astwice¥package.json:

{
  "name": "astwice",
  "version": "1.0.0",
  "description": "",
  "main": "index.js",
  "scripts": {
    "test": "echo ¥"Error: no test specified¥" && exit 1"
  },
  "author": "",
  "license": "ISC"
}



Is this OK? (yes) y
```

　「package name」などいくつか尋ねられますが、とりあえずはすべて Enter キーを押すだけでかまいません。最後に「Is this OK?」で「y」を入力すると、package.json が生成されます。

　次に、npm を使ってローダーとコンパイラをインストールします。

```
$ npm install --save @assemblyscript/loader
$ npm install --save-dev assemblyscript
```

　次のコマンドを実行して AssemblyScript の新しいプロジェクトに必要なファイルを生成します。

```
$ npx asinit .
$ npm install
```

次の一連のファイルが生成されます。

- assembly¥tsconfig
- assembly¥index.ts
- build¥.gitignore
- index.js
- tests¥index.js
- asconfig.json

assembly¥index.ts の生成直後の初期内容は次の通りです。

```
// The entry file of your WebAssembly module.

export function add(a: i32, b: i32): i32 {
  return a + b;
}
```

これに次のコードを追加します。

```
export function twice(x: i32): i32 {
  return x * 2;
}
```

次のコマンドでビルドします。

```
$ npm run asbuild
```

サブディレクトリ build が作成されて次のような一連のファイルが生成されます。

- .gitignore
- optimized.wasm
- optimized.wasm.map

- optimized.wat
- untouched.wasm
- untouched.wasm.map
- untouched.wat

「npm test」でテストすることができます。

```
$ npm test

> astwice@1.0.0 test C:¥wasm¥ch05¥astwice
> node tests

ok
```

WebAssembly のバイトコードをロードして使う次のような HTML を作成します。

リスト 5.6 ● main.html

```html
<!DOCTYPE html>
<html>
<head>
  <meta charset="utf-8">
  <style>
    body {
      background-color: rgb(255, 255, 255);
    }
  </style>
</head>
<body>
  <span id="container"></span>
    <h3>数を2倍するサンプル</h3>
    <p>
      <input type="number" id="num" value="1" step="1" />
      <input type="button" value="計算" onclick="onClick();" />
    </p>
    <p id="outtxt">outtxt</p>
    <br />
```

```
        <script>
            function onClick() {
                var n = document.getElementById("num").value;
                var x = parseInt(n);
                fetch('./build/optimized.wasm').then(response =>
                    response.arrayBuffer()
                ).then(bytes => WebAssembly.instantiate(bytes)).then(results => {
                    instance = results.instance;
                    var y = instance.exports.twice(x);
                    document.getElementById("outtxt").innerHTML = x + "を2倍すると"
                                                                    └ + y;
                }).catch(console.error);
                //}})();
            }
        </script>

</body>
</html>
```

　Web サーバーを介してこの HTML を表示すると次のように表示され、数を指定して「計算」ボタンをクリックすると 2 倍した結果が表示されます。

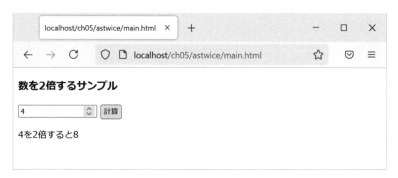

図5.3●実行結果

5.5　WebAssembly Studio

ここでは WebAssembly Studio の AssemblyScript のプロジェクトについて解説します。

■ WebAssembly Studio が生成するファイル

WebAssembly Studio で、「Empty AssemblyScript Project」を選択して「Create」をクリックすると、一連のファイルが生成されます。主なファイルの内容は次の通りです。

■ main.ts

main.ts は拡張子が .ts ですが、AssemblyScript のソースファイルです。

リスト 5.7 ● main.ts

```
declare function sayHello(): void;

sayHello();

export function add(x: i32, y: i32): i32 {
  return x + y;
}
```

自動的に生成されるこのファイルには、add() が定義されていて export されています。注目するべきところは、この関数の引数や戻り値にデータ型（この場合は i32）が指定されている点です。JavaScript や TypeScript にはこれはありません。

■ main.html

main.html は表示に使う HTML ファイルです。

リスト 5.8 ● main.html

```html
<!DOCTYPE html>
<html>
<head>
  <meta charset="utf-8">
</head>
<body style="background: #fff">
  <span id="container"></span>
  <script src="./main.js"></script>
</body>
</html>
```

これは結果の出力用に「container」という名前の <span> 要素を定義してから、次に示す main.js をロードします。

■ main.js

main.js では、WebAssembly のバイトコードである main.wasm をロードします。

リスト 5.9 ● main.js

```js
WebAssembly.instantiateStreaming(fetch("../out/main.wasm"), {
  main: {
    sayHello() {
      console.log("Hello from WebAssembly!");
    }
  },
  env: {
    abort(_msg, _file, line, column) {
      console.error("abort called at main.ts:" + line + ":" + column);
    }
  },
}).then(result => {
```

```
  const exports = result.instance.exports;
  document.getElementById("container").textContent = "Result: "
                                              └ + exports.add(19, 23);
}).catch(console.error);
```

　そして、コンソールに「Hello from WebAssembly!」を出力した後でバイトコードをコンパイルしてから add() を呼び出して結果を出力します。

Wat

Wat は WebAssembly のバイナリファイルを、
人間にとってより理解しやすいテキスト形式で表
現したものです。

6.1　Wat の概要

WebAssembly は可読性の高いテキストで表現することができます。

■テキスト形式のモジュール

WebAssembly はバイナリファイルですが、テキスト形式で表現することもできます。テキストで表現した WebAssembly が WAT（WebAssembly Text Format）です。

Wat は、WebAssembly のバイナリファイルを生成するソースとして使えるほかに、WebAssembly のバイトコードを解析するときにも役立ちます。

WebAssembly のバイナリファイルのテキスト形式の表現には 2 種類あります。

■オープンタイプ

WABT（The WebAssembly Binary Toolkit）の中のツール wasm2wat を使って、WebAssembly バイナリ（モジュール）をテキスト形式の WebAssembly（.wat）ファイルに変換することができます。

次の例はこれまでたびたび使ってきた twice モジュールを Wat ファイルに変換する例です。

```
$ wasm2wat twice.wasm > twice.wat
```

これを実行すると、Wat ファイル twice.wat が生成されます。

リスト 6.1 ● twice.wat

```
(module
  (type (;0;) (func (param i32) (result i32)))
  (func $twice (type 0) (param i32) (result i32)
    local.get 0
    i32.const 1
    i32.shl)
  (table (;0;) 1 1 funcref)
```

```
(memory (;0;) 16)
(global (;0;) (mut i32) (i32.const 1048576))
(global (;1;) i32 (i32.const 1048576))
(global (;2;) i32 (i32.const 1048576))
(export "memory" (memory 0))
(export "twice" (func $twice))
(export "__data_end" (global 1))
(export "__heap_base" (global 2)))
```

　このような実行される順番に命令を表記する形式をオープンタイプまたはリニア式といいます。また、演算命令を被演算子の後にするこの形式は、逆ポーランド記法または後置記法（Postfix Notation）とも言います。

　このファイルの内容は、WebAssembly のセクション（後述）ごとの情報で、その内容の大半は宣言ともいえる定義です。ただし、最初の、(module) はこれがモジュールであることを表します。

　(module) のあとの次のコードは、このモジュールの最初の関数（twice）の引数（(param i32)）と戻り値（(result i32)）を表します。

```
(type (;0;) (func (param i32) (result i32)))
```

　実際に実行される関数の部分は次の部分です。

```
(func $twice (type 0) (param i32) (result i32)
  local.get 0
  i32.const 1
  i32.shl)
```

　実行される部分について上から順に説明します。

（1）local.get 0　　最初の引数(param i32)をスタックに積みます(プッシュします)。

（2）i32.const 1　　i32 型の定数 1 をスタックに積みます。

（3）i32.shl　　　　最上部のスタックの値（1）だけ、上から 2 番目のスタックの値を左にシフトし、結果をスタックから取り除きます（ポップしま

す）。そして、この値が関数の i32 型の戻り値として返されます。

　なお、プリフィクスとして $ を付けた名前を引数やローカル変数に付けることができます。たとえば、次のコードは上のコードと同じ意味です。

```
(func $twice (type 0) (param $p0 i32) (result i32)
  local.get $p0
  i32.const 1
  i32.shl)
```

■フォールドタイプ

　wast2wat に -f オプションを付けて twice モジュールを Wat ファイルに変換すると、先ほどとは違った形式で出力されます。

```
$ wasm2wat -f twice.wasm > twicef.wat
```

　これを実行すると、Wat ファイル twicef.wat が生成されます。

リスト 6.2 ● twicef.wat

```
(module
  (type (;0;) (func (param i32) (result i32)))
  (func $twice (type 0) (param i32) (result i32)
    (i32.shl
      (local.get 0)
      (i32.const 1)))
  (table (;0;) 1 1 funcref)
  (memory (;0;) 16)
  (global (;0;) (mut i32) (i32.const 1048576))
  (global (;1;) i32 (i32.const 1048576))
  (global (;2;) i32 (i32.const 1048576))
  (export "memory" (memory 0))
  (export "twice" (func $twice))
```

```
    (export "__data_end" (global 1))
    (export "__heap_base" (global 2)))
```

このファイルの実行される関数の部分は次の部分で、先ほどとは表現の方法が異なるだけです。

```
(func $twice (type 0) (param i32) (result i32)
  (i32.shl
    (local.get 0)
    (i32.const 1)))
```

このようなモジュールのツリー構造を表現している形式を、フォールドタイプまたはS式といいます。

■ Wat の構造

リスト 6.2 に示したコードの構造について解説します。

最初の (module) からは、このモジュールのヘッダーが生成されます。

```
(module)
```

以降には、セクションと呼ぶ一連の情報が続きます。セクションには次のような種類があります。

- カスタムセクション
- タイプセクション
- インポートセクション
- ファンクションセクション
- テーブルセクション
- メモリセクション
- グローバルセクション
- エクスポートセクション

- スタートセクション
- エレメントセクション
- コードセクション
- データセクション

先頭の (module) に続くのはタイプセクションです。タイプセクションは型の情報を表します。

```
(type (;0;) (func (param i32) (result i32)))
```

この場合、型の種類は 0 で、これは関数型の情報を表し、引数と戻り値の型情報が続きます。

twicef.wat でそのあとに続いているのはファンクションセクションで、関数の名前と関数のタイプ、引数と戻り値の情報を表します。

```
(func $twice (type 0) (param i32) (result i32)
```

次に続くのはコードセクションです。ここで例にしたファイルではオープンタイプの場合は次のようになっています。

```
local.get 0      // 引数の値をスタックにプッシュする
i32.const 1      // 定数1をスタックにプッシュする
i32.shl          // i32をシフトする
```

i32.shl は 32 ビット符号付き整数をシフトする命令で、シフトする値とシフトする量はあらかじめスタックに積まれているものとします。

local.get、i32.const、i32.shl のようなリニアアセンブリバイトコード（一般のアセンブリ言語のニモニックに相当）については、付録B「アセンブリコード」も参照してください。

フォールドタイプでは次のようなコードになります。

```
(i32.shl           // i32をシフトする
  (local.get 0)    // 引数の値をスタックにプッシュする
  (i32.const 1))   // 定数1をスタックにプッシュする
```

　仮に、変数の値をシフトして 2 倍にするのではなく、掛け算で 2 倍するとしたら、テキスト形式のコードは次のようになります。

```
local.get 0     // 引数の値をスタックにプッシュする
i32.const 2     // 定数2をスタックにプッシュする
i32.mul         // i32の掛け算をする
```

フォールドタイプでは次のようなコードになります。

```
(i32.mul           // i32の掛け算をする
  (local.get 0)    // 引数の値をスタックにプッシュする
  (i32.const 2))   // 定数2をスタックにプッシュする
```

　コードセクションの次に続くのはテーブルセクションで、これはモジュールのテーブル要素を表します。

```
(table (;0;) 1 1 funcref)
```

　次に続くのはメモリセクションで、そのモジュールが実行中に必要とするページ数の最小値と必要に応じて最大値を表します（1 ページは 64 KB）。

```
(memory (;0;) 16)
```

　さらにグローバルセクションが続きます。このセクションは、内部の（インポートされたものは除く）グローバルメモリについての情報を表します。ここには変数の型、定

数（0）か変数（1）を示す値と、メモリを初期化するための値が含まれます。

```
(global (;0;) (mut i32) (i32.const 1048576))
(global (;1;) i32 (i32.const 1048576))
(global (;2;) i32 (i32.const 1048576))
```

最後はエクスポートセクションで、エクスポートに関する情報（エクスポートモジュール、エクスポート名、種類、追加情報）を表します。Wasm でエクスポートできるのは、関数、テーブル、メモリ、グローバル関数です。

```
(export "memory" (memory 0))
(export "twice" (func $twice))
(export "__data_end" (global 1))
(export "__heap_base" (global 2)))
```

さらに、たとえばさまざまな情報を含むカスタムセクションが続く場合などもあります。

■ Wat の用途

通常、WebAssembly のバイナリファイルを活用する場合は、C/C++ や Rust を使って高水準言語のソースファイルを作成し、それから WebAssembly のバイナリファイル（.wast）を作って JavaScript から利用するというのが一般的でしょう。一般的な開発者がテキスト形式の WebAssembly モジュールである Wat を自分で作って使う場面はあまり多くないと思われます。

それでも、次のような場合には Wat を使うことが考えられます。

- WebAssembly とそれに関連したコンパイラやツールを開発するとき
- WebAssembly モジュールを最適化したいときや高度なデバッグをするとき
- WebAssembly をより深く理解したいとき
- 高水準言語のソースがない WebAssembly モジュールを少し変更して利用したいとき

6.2 Wat プロジェクト

WebAssembly Studio で Wat のプロジェクトを扱うことができます。

■生成されるファイル

WebAssembly Studio で、「Empty Wat Project」を選択して「Create」をクリックすると、Wat プロジェクトの一連のファイルが生成されます。

build.ts と package.json はプロジェクトをビルドするためのファイルです。

main.html は結果を出力するための HTML ファイルです。

リスト 6.3 ● main.html

```html
<!DOCTYPE html>
<html>
<head>
  <meta charset="utf-8">
  <style>
    body {
      background-color: rgb(255, 255, 255);
    }
  </style>
</head>
<body>
  <span id="container"></span>
  <script src="./main.js"></script>
</body>
</html>
```

main.js は WebAssembly のバイトコードをロードして関数 add() を呼び出して結果を表示します。

リスト 6.4 ● main.js

```
fetch('../out/main.wasm').then(response =>
  response.arrayBuffer()
).then(bytes => WebAssembly.instantiate(bytes)).then(results => {
  instance = results.instance;
  document.getElementById("container").textContent = instance.exports.add(1,1);
}).catch(console.error);
```

main.wat は、関数 add() のテキスト形式の WebAssembly ファイルです。

リスト 6.5 ● main.wat

```
(module
  (func $add (param $lhs i32) (param $rhs i32) (result i32)
    get_local $lhs
    get_local $rhs
    i32.add)
  (export "add" (func $add))
)
```

　これは、add という名前の関数を定義しています。get_local で 2 個の引数をそれぞれ取得し、i32.add でそれらを加算します。また、add は JavaScript のコードから呼び出すことができるように export されます。

　main.wat は main.wasm に変換されます。

　main.wasm はサイズが 71 バイトで、その内容は次の通りです。

```
00 61 73 6D 01 00 00 00 01 07 01 60 02 7F 7F 01
7F 03 02 01 00 07 07 01 03 61 64 64 00 00 0A 09
01 07 00 20 00 20 01 6A 0B 00 1C 04 6E 61 6D 65
01 06 01 00 03 61 64 64 02 0D 01 00 02 00 03 6C
68 73 01 03 72 68 73
```

　このような WebAssembly のバイトコードの内容については第 7 章で説明します。

　このプロジェクトを実行すると、関数 add(1,1) が実行されて「2」が出力されます。

6.3 制御構文と Wat

ここでは、高水準言語の制御構文とその Wat による表現の例をいくつか示します。

■ Wat の例（1）

C 言語の if 文を含む関数を WebAssembly Studio を使って WebAssembly のモジュールにし、JavaScript から実行する例を示します。

次のように number タイプの <input> 要素を使って実数を選択し、選択した実数が正の数なら「x は正の数」と出力し、負の数なら「x は負の数」と出力するサイトを作ります。

図6.1●isPositiveの実行例

WebAssembly Studio のサイト（https://webassembly.studio/）を開いたら、「Create New Project」ダイアログボックスで「Empty C Project」を選択して「Create」をクリックし、初期ソースファイルを生成します。

main.c には、引数の実数値が負である場合には−1 を返し、そうでなければ 1 を返す関数 isPositive() を追加します。

リスト 6.6 ● main.c

```c
#define WASM_EXPORT __attribute__((visibility("default")))

WASM_EXPORT
int main() {
  return 42;
}
```

```
WASM_EXPORT
int isPositive(float x)
{
  if (x < 0.0)
    return -1;
  else
    return 1;
}
```

　main.html では、タイプが number の <input> 要素の値を関数 isPositive() に渡して、
返された結果から「正の数」または「負の数」を表示します。

リスト 6.7 ● main.html

```
<!DOCTYPE html>
<html>

<head>
  <meta http-equiv="Content-Type" content="text/html; charset=UTF-8" />
  <meta http-equiv="cache-control" content="no-cache">
  <title>CとWebAssemblyのテスト</title>
  <style>
    body {
      background-color: rgb(255, 255, 255);
    }
  </style>
</head>

<body>
  <h3>実数の正負を判定するサンプル</h3>
  <p>
    <input type="number" id="num" value="0.0" step="0.1" />
    <input type="button" value="判定" onclick="onClick();" />
  </p>
  <p id="outtxt">outtxt</p>
  <br />
  <script>
    function onClick() {
      var n = document.getElementById("num").value;
```

```
      var x = parseFloat(n);
      fetch('../out/main.wasm').then(response =>
        response.arrayBuffer()
      ).then(bytes => WebAssembly.instantiate(bytes)).then(results => {
        instance = results.instance;
        y = instance.exports.isPositive(x);
      }).catch(console.error);
      if (y == 1)
        document.getElementById("outtxt").innerHTML = x + "は正の値";
      else
        document.getElementById("outtxt").innerHTML = x + "は負の値";
    }
  </script>
</body>

</html>
```

プロジェクトをダウンロードして次のコマンドで Wat ファイルを生成します。

```
wasm2wat main.wasm > main.wat
```

生成されるテキスト形式の WebAssembly モジュールは次の通りです。

リスト 6.8 ● main.wat

```
(module
  (type (;0;) (func))
  (type (;1;) (func (result i32)))
  (type (;2;) (func (param f32) (result i32)))
  (func $__wasm_call_ctors (type 0))
  (func $main (type 1) (result i32)
    i32.const 42)
  (func $isPositive (type 2) (param f32) (result i32)
    i32.const -1
    i32.const 1
    local.get 0
    f32.const 0x0p+0 (;=0;)
    f32.lt
```

```
    select)
  (table (;0;) 1 1 funcref)
  (memory (;0;) 2)
  (global (;0;) (mut i32) (i32.const 66560))
  (global (;1;) i32 (i32.const 66560))
  (global (;2;) i32 (i32.const 1024))
  (export "memory" (memory 0))
  (export "__heap_base" (global 1))
  (export "__data_end" (global 2))
  (export "main" (func $main))
  (export "isPositive" (func $isPositive)))
```

コードセクション、つまり関数 isPositive() の部分は次の部分です。

```
(func $isPositive (type 2) (param f32) (result i32)
  i32.const -1
  i32.const 1
  local.get 0
  f32.const 0x0p+0 (;=0;)
  f32.lt
  select)
```

最初の「(func」で始まるのは、以降対応する「)」まで、つまり、「select)」の「)」までが関数であることを示します。

```
(func $isPositive (type 2) (param f32) (result i32)
```

この関数の引数は f32 型の値ひとつ（(param f32)）で、戻り値も f32 型の値 (result i32) です。関数のタイプは 2 番目のタイプ（(type (;2;) (func (param f32) (result i32)))) です。

そのあとに続くコードは次のような意味を持ちます。

```
i32.const -1            // 定数-1をプッシュする
i32.const 1             // 定数1をプッシュする
```

```
local.get 0                // 引数をプッシュする
f32.const 0x0p+0 (;=0;)    // 実数値ゼロをプッシュする
f32.lt                     // 値がスタックの一番上の数より小さいか調べる
select)                    // 結果が0であれば1を、そうでなければ-1を選択する。
```

次のコマンドでフォールド形式の Wat ファイルを生成することもできます。

```
wasm2wat -f main.wasm > mainf.wat
```

生成されるテキスト形式の WebAssembly モジュールは次の通りです。

リスト 6.9 ● mainf.wat

```
(module
  (type (;0;) (func))
  (type (;1;) (func (result i32)))
  (type (;2;) (func (param f32) (result i32)))
  (func $__wasm_call_ctors (type 0))
  (func $main (type 1) (result i32)
    (i32.const 42))
  (func $isPositive (type 2) (param f32) (result i32)
    (select
      (i32.const -1)
      (i32.const 1)
      (f32.lt
        (local.get 0)
        (f32.const 0x0p+0 (;=0;)))))
  (table (;0;) 1 1 funcref)
  (memory (;0;) 2)
  (global (;0;) (mut i32) (i32.const 66560))
  (global (;1;) i32 (i32.const 66560))
  (global (;2;) i32 (i32.const 1024))
  (export "memory" (memory 0))
  (export "__heap_base" (global 1))
  (export "__data_end" (global 2))
  (export "main" (func $main))
  (export "isPositive" (func $isPositive)))
```

■ Wat の例（2）

C 言語の for 文を含む関数を Emscripten を使って WebAssembly のモジュールにし、JavaScript から実行する例を示します。

次のように number タイプの \<input\> 要素を使って整数を選択し、選択した整数の階乗を計算して表示します。

図6.2●factの実行例

C 言語の for 文を含む関数 factorial() は次のように定義します。

リスト 6.10 ● main.c

```c
// main.c
#include <emscripten/emscripten.h>

int EMSCRIPTEN_KEEPALIVE factorial(int x) {
  int i, y = 1;
  for (i=1; i<=x; i++) {
    y = y * i;
  }
  return y;
}
```

この C 言語のソースファイルを次のコマンドでコンパイルします。

```
C:\wasm\ch06\fact>emcc -o wasm.js main.c -s WASM=1 -s NO_EXIT_RUNTIME=1
```

　生成される wasm.wasm は 905 バイトと、本書で扱う WebAssembly のバイトコードとしてはかなり大きくなります。

```
$ wasm2wat wasm.wasm > fact.wat
```

　HTML は次のように作ります。3.3 節「Emscripten」で説明した twice.html（リスト 3.11）とほぼ同じです。

リスト 6.11 ● main.html

```html
<!DOCTYPE html>
<html>

<head>
  <meta http-equiv="Content-Type" content="text/html; charset=UTF-8" />
  <meta http-equiv="cache-control" content="no-cache">
  <title>CとWebAssemblyのテスト</title>
  <style>
    body {
      background-color: rgb(255, 255, 255);
    }
  </style>
</head>

<body>
  <h3>階乗を計算するサンプル</h3>
  <p>
    <input type="number" id="num" value="1" step="1" min="1" />
    <input type="button" value="判定" onclick="onClick();" />
  </p>
  <p id="outtxt">outtxt</p>
  <br />
  <script>
    function onClick() {
      var n = document.getElementById("num").value;
      var x = parseInt(n);
      var y = Module._factorial(x);        // C言語の関数を呼び出す
      document.getElementById("outtxt").innerHTML = x + "の階乗は" + y;
```

```
      }
    </script>
    <script async src=wasm.js></script>
  </body>

</html>
```

生成された wasm.wasm を次のコマンドでテキスト形式に変換します。

```
$ wasm2wat wasm.wasm > fact.wat
```

変換された内容は次の通りです（一部省略）。

リスト 6.12 ● fact.wat

```
(module
  (type (;0;) (func (result i32)))
  (type (;1;) (func (param i32) (result i32)))
    (略)
  (func (;0;) (type 3)
    call 2)
  (func (;1;) (type 1) (param i32) (result i32)
    (略)
    block  ;; label = @1
      loop  ;; label = @2
        local.get 3
        i32.load offset=8
        local.set 6
        local.get 3
        i32.load offset=12
        local.set 7
        local.get 6
        local.set 8
        local.get 7
        local.set 9
        local.get 8
        local.get 9
        i32.le_s
```

```
        local.set 10
        i32.const 1
        local.set 11
        local.get 10
        local.get 11
        i32.and
        local.set 12
        local.get 12
        i32.eqz
        br_if 1 (;@1;)
        local.get 3
        i32.load offset=4
        local.set 13
        local.get 3
        i32.load offset=8
        local.set 14
        local.get 13
        local.get 14
        i32.mul
        local.set 15
        local.get 3
        local.get 15
        i32.store offset=4
        local.get 3
        i32.load offset=8
        local.set 16
        i32.const 1
        local.set 17
        local.get 16
        local.get 17
        i32.add
        local.set 18
        local.get 3
        local.get 18
        i32.store offset=8
        br 0 (;@2;)
      end
    unreachable
  end
  local.get 3
```

```
    i32.load offset=4
    local.set 19
    local.get 19
    return)
  (略)
(table (;0;) 1 1 funcref)
(memory (;0;) 256 256)
(global (;0;) (mut i32) (i32.const 5243936))
(global (;1;) (mut i32) (i32.const 0))
(global (;2;) (mut i32) (i32.const 0))
(export "memory" (memory 0))
(export "__wasm_call_ctors" (func 0))
(export "factorial" (func 1))
(export "__indirect_function_table" (table 0))
(export "__errno_location" (func 16))
(export "fflush" (func 14))
(export "stackSave" (func 5))
(export "stackRestore" (func 6))
(export "stackAlloc" (func 7))
(export "emscripten_stack_init" (func 2))
(export "emscripten_stack_get_free" (func 3))
(export "emscripten_stack_get_end" (func 4)))
```

この場合、関数 factorial の if 文は br_if で、繰り返しは br で実現されています。

```
  block  ;; label = @1        // ブロック、ラベル@1
    loop  ;; label = @2       // ループ、ラベル@2
      local.get 3
      i32.load offset=8
      local.set 6
      local.get 3
        (略)
      i32.and
      local.set 12
      local.get 12
      i32.eqz
      br_if 1 (;@1;)          // @1にジャンプする条件分岐
      local.get 3
```

```
    i32.load offset=4
      (略)
    local.set 18
    local.get 3
    local.get 18
    i32.store offset=8
    br 0 (;@2;)                    // @2にジャンプする無条件分岐（ループ）
   end
  unreachable
 end
 local.get 3
 i32.load offset=4
 local.set 19
 local.get 19
 return)
```

■ Wat の例（3）

Rust の if 文を含む関数を Rust のコンパイラ rustc を使って WebAssembly のモジュールにし、JavaScript から実行する例を示します。

次のように number タイプの \<input\> 要素を使って実数を選択し、選択した実数が正の数なら「x は正の数」と出力し、負の数なら「x は負の数」と出力するサイトを作ります。

図6.3●isPositiverの実行例

main.rs では、4.3 節「Rust コンパイラ」で説明した twice.rs（リスト 4.10）をベースにして、引数の実数値が負である場合には−1 を返し、そうでなければ 1 を返す関数

isPositive() を twice() の代わりとして置き換えます。

リスト 6.13 ● main.rs

```rust
#![no_main]
#![no_std]

#[panic_handler]
fn panic(_info: &core::panic::PanicInfo) -> ! {
    loop {}
}

#[no_mangle]
pub extern "C" fn isPositive(x: f32) -> i32 {
  if x < 0.0 {
    return -1
  } else {
    return 1
  }
}
```

次のコマンドで WebAssembly のバイトコードファイル（.wasm ファイル）を生成します。

```
rustc --target wasm32-unknown-unknown main.rs -C opt-level=1
```

main.html では、タイプが number の <input> 要素の値を関数 isPositive() に渡して、返された結果から「正の数」または「負の数」を表示します。

リスト 6.14 ● main.html

```html
<!DOCTYPE html>
<html>
<head>
  <meta charset="utf-8">
  <style>
    body {
      background-color: rgb(255, 255, 255);
```

```
      }
    </style>
</head>
<body>
  <span id="container"></span>
      <h3>数の正負を判定するサンプル</h3>
    <p>
        <input type="number" id="num" value="0.0" step="0.1" />
        <input type="button" value="判定" onclick="onClick();" />
    </p>
    <p id="outtxt">outtxt</p>
    <br />
    <script>
        function onClick() {
            var n = document.getElementById("num").value;
            var x = parseFloat(n);
            fetch('./main.wasm').then(response =>
              response.arrayBuffer()
            ).then(bytes => WebAssembly.instantiate(bytes)).then(results => {
              instance = results.instance;
              var y = instance.exports.isPositive(x);
              if (y == 1)
                document.getElementById("outtxt").innerHTML = x + "は正の値";
              else
                document.getElementById("outtxt").innerHTML = x + "は負の値";
            }).catch(console.error);
        }
    </script>

</body>
</html>
```

次のコマンドで wasm から Wat ファイルを生成します。

```
wasm2wat main.wasm > main.wat
```

生成されるテキスト形式の WebAssembly モジュールは次の通りです。

リスト6.15 ● main.wat

```
(module
  (type (;0;) (func (param f32) (result i32)))
  (func $isPositive (type 0) (param f32) (result i32)
    i32.const -1
    i32.const 1
    local.get 0
    f32.const 0x0p+0 (;=0;)
    f32.lt
    select)
  (table (;0;) 1 1 funcref)
  (memory (;0;) 16)
  (global (;0;) (mut i32) (i32.const 1048576))
  (global (;1;) i32 (i32.const 1048576))
  (global (;2;) i32 (i32.const 1048576))
  (export "memory" (memory 0))
  (export "isPositive" (func $isPositive))
  (export "__data_end" (global 1))
  (export "__heap_base" (global 2)))
```

関数 isPositive() は次の部分です。

```
  (func $isPositive (type 0) (param f32) (result i32)
    i32.const -1
    i32.const 1
    local.get 0
    f32.const 0x0p+0 (;=0;)
    f32.lt
    select)
```

　関数 isPositive() の中のコードは、直前の比較でゼロより小さい（f32.lt）かどうか
で、定数（i32.const）1 または-1 を選択します。

次のコマンドでフォールド形式の Wat ファイルを生成することもできます。

```
wasm2wat -f main.wasm > mainf.wat
```

生成されるテキスト形式の WebAssembly モジュールは次の通りです。

リスト 6.16 ● mainf.wat

```
(module
  (type (;0;) (func (param f32) (result i32)))
  (func $isPositive (type 0) (param f32) (result i32)
    (select
      (i32.const -1)
      (i32.const 1)
      (f32.lt
        (local.get 0)
        (f32.const 0x0p+0 (;=0;)))))
  (table (;0;) 1 1 funcref)
  (memory (;0;) 16)
  (global (;0;) (mut i32) (i32.const 1048576))
  (global (;1;) i32 (i32.const 1048576))
  (global (;2;) i32 (i32.const 1048576))
  (export "memory" (memory 0))
  (export "isPositive" (func $isPositive))
  (export "__data_end" (global 1))
  (export "__heap_base" (global 2)))
```

■ Wat の例（4）

Rust の for 文を含む関数を Rust のコンパイラ rustc を使って WebAssembly のモジュールにし、JavaScript から実行する例を示します。

次のように number タイプの `<input>` 要素を使って整数を選択し、選択した整数の階乗を計算して表示します。

図6.4●階乗計算の実行例

main.rs には引数の階乗を計算して返す関数 factorial() を定義します。

リスト 6.17 ● main.rs

```rust
#![no_main]
#![no_std]


#[panic_handler]
fn panic(_info: &core::panic::PanicInfo) -> ! {
    loop {}
}


#[no_mangle]
pub extern "C" fn factorial(x: i32)  -> i32 {
  let mut y = 1;
  let xx = x +1;
  for i in 1..xx {
    y = y * i;
  }
  return y
}
```

次のコマンドで WebAssembly のバイトコードファイル（.wasm ファイル）を生成します。

```
rustc --target wasm32-unknown-unknown main.rs -C opt-level=1
```

　main.html では、タイプが number の <input> 要素の値を関数 factorial() に渡して、返された結果を表示します。

　HTML ファイルは以下のように作ります。

リスト 6.18 ● main.html

```
<!DOCTYPE html>
<html>

<head>
  <meta http-equiv="Content-Type" content="text/html; charset=UTF-8" />
  <meta http-equiv="cache-control" content="no-cache">
  <title>RustとWebAssemblyのテスト</title>
  <style>
    body {
      background-color: rgb(255, 255, 255);
    }
  </style>
</head>

<body>
  <h3>階乗を計算するサンプル</h3>
  <p>
    <input type="number" id="num" value="1" step="1" min="1" />
    <input type="button" value="判定" onclick="onClick();" />
  </p>
  <p id="outtxt">outtxt</p>
  <br />
  <script>
    function onClick() {
      var n = document.getElementById("num").value;
      var x = parseInt(n);
      fetch('./main.wasm').then(response =>
        response.arrayBuffer()
      ).then(bytes => WebAssembly.instantiate(bytes)).then(results => {
        instance = results.instance;
        var y = instance.exports.factorial(x);
        document.getElementById("outtxt").innerHTML = x + "の階乗は" + y;
      }).catch(console.error);
```

```
        }
    </script>
    <script async src=wasm.js></script>
</body>

</html>
```

次のコマンドで wasm から Wat ファイルを生成します。

```
wasm2wat main.wasm > main.wat
```

生成されるテキスト形式の WebAssembly モジュールは次の通りです（一部省略および変更）。

リスト 6.19 ● main.wat

```
(module
  (type (;0;) (func (param i32) (result i32)))
  (type (;1;) (func (param i32 i32)))
  (type (;2;) (func (param i32 i32) (result i32)))
  (type (;3;) (func (param i32 i32 i32)))
      (略)
  (func $factorial (type 0) (param i32) (result i32)
    (local i32 i32)
    global.get 0
    i32.const 32
    i32.sub
    local.tee 1
    global.set 0
    i32.const 1
    local.set 2
    local.get 1
    i32.const 16
    i32.add
    i32.const 1
    local.get 0
    i32.const 1
    i32.add
```

```
call $function_A
local.get 1
local.get 1
i64.load offset=16
i64.store offset=24
local.get 1
i32.const 8
i32.add
local.get 1
i32.const 24
i32.add
call $function_B
block  ;; label = @1
  local.get 1
  i32.load offset=8
  i32.eqz
  br_if 0 (;@1;)
  local.get 1
  i32.load offset=12
  local.set 0
  i32.const 1
  local.set 2
  loop  ;; label = @2
    local.get 0
    local.get 2
    i32.mul
    local.set 2
    local.get 1
    local.get 1
    i32.const 24
    i32.add
    call $function_B
    local.get 1
    i32.load offset=4
    local.set 0
    local.get 1
    i32.load
    br_if 0 (;@2;)
  end
end
```

```
    local.get 1
    i32.const 32
    i32.add
    global.set 0
    local.get 2)
  (func $function_A (type 3) (param i32 i32 i32)
    local.get 0
    local.get 2
    i32.store offset=4
    local.get 0
    local.get 1
    i32.store)
  (func function_B (type 1) (param i32 i32)
    (local i32)
     (略)
    local.get 0
    local.get 2
    i32.store)
  (table (;0;) 1 1 funcref)
  (memory (;0;) 16)
  (global (;0;) (mut i32) (i32.const 1048576))
  (global (;1;) i32 (i32.const 1048576))
  (global (;2;) i32 (i32.const 1048576))
  (export "memory" (memory 0))
  (export "factorial" (func $factorial))
  (export "__data_end" (global 1))
  (export "__heap_base" (global 2)))
```

ループにはbr_ifとbrを使っていることがわかります。

```
block  ;; label = @1           // ラベル@1
  local.get 1
  i32.load offset=8
  i32.eqz                      // 比較した結果が同じかゼロか
  br_if 0 (;@1;)               // @1への条件分岐
  local.get 1
  i32.load offset=12
  local.set 0
```

```
i32.const 1
local.set 2
loop  ;; label = @2            // ラベル@1
  local.get 0
  local.get 2
  i32.mul
  local.set 2
  local.get 1
  local.get 1
  i32.const 24
  i32.add
  call $function_B
  local.get 1
  i32.load offset=4
  local.set 0
  local.get 1
  i32.load
  br_if 0 (;@2;)             // @2への条件分岐
end
```

アセンブリ

ここではアセンブリファイルの内容と、WebAssembly の主な命令の概要を説明します。

7.1 アセンブリファイル

ここでは WebAssembly のバイトコードファイル（.wasm ファイル）の内容を少しだけ覗いてみます。

■ wasm ファイルの内容

これまで示した WebAssembly のバイトファイルの中から、第 4 章の Rust による twice プログラムで Rust から生成したバイナリファイルを見てみましょう。

このときの Rust のソースファイルは次の通りでした。

リスト 7.1 ● twice.rs

```
#![no_main]
#![no_std]

#[panic_handler]
fn panic(_info: &core::panic::PanicInfo) -> ! {
    loop {}
}

#[no_mangle]
pub fn twice(x: i32) -> i32 {
    x << 1
}
```

これを次のようにしてコンパイルして WebAssembly のバイナリに変換したファイルを生成します。

```
rustc --target wasm32-unknown-unknown twice.rs -C opt-level=1
```

作成されるファイル main.wasm のサイズは 134 バイトで、その内容は次の通りです。

```
C:\wasm\ch07>hdump twice.wasm
00 61 73 6D 01 00 00 00 01 06 01 60 01 7F 01 7F
03 02 01 00 04 05 01 70 01 01 01 05 03 01 00 10
06 19 03 7F 01 41 80 80 C0 00 0B 7F 00 41 80 80
C0 00 0B 7F 00 41 80 80 C0 00 0B 07 2D 04 06 6D
65 6D 6F 72 79 02 00 05 74 77 69 63 65 00 00 0A
5F 5F 64 61 74 61 5F 65 6E 64 03 01 0B 5F 5F 68
65 61 70 5F 62 61 73 65 03 02 0A 09 01 07 00 20
00 41 01 74 0B 00 0F 04 6E 61 6D 65 01 08 01 00
05 74 77 69 63 65
```

また、これを wasm2wat でテキスト形式に変換すると次のようになります。

```
(module
  (type (;0;) (func (param i32) (result i32)))
  (func $twice (type 0) (param i32) (result i32)
    (i32.shl
      (local.get 0)
      (i32.const 1)))
  (table (;0;) 1 1 funcref)
  (memory (;0;) 16)
  (global (;0;) (mut i32) (i32.const 1048576))
  (global (;1;) i32 (i32.const 1048576))
  (global (;2;) i32 (i32.const 1048576))
  (export "memory" (memory 0))
  (export "twice" (func $twice))
  (export "__data_end" (global 1))
  (export "__heap_base" (global 2)))
```

Note バイトコードの仕様は変更され続けていることと、コンパイル（ビルド）するツールによって
異なる情報を表すカスタム情報が付加されることから、特定の WebAssembly バイナリファ
イルが特定の形式に必ずなるわけではありません。ここで示すのはひとつの例です。

　大きく分けると、モジュールの構造はヘッダーと、そのあとに続くさまざまなセクションで構成されています。

■モジュールヘッダー

　バイナリファイルの最初の 4 バイトとそれに続く 4 バイトはモジュールのヘッダーです。

　最初の 4 バイト（00 61 73 6D）はマジックナンバー（ファイルを識別する情報）です。

```
00 61 73 6D 01 00 00 00 01 06 01 60 01 7F 01 7F
03 02 01 00 04 05 01 70 01 01 01 05 03 01 00 10
06 19 03 7F 01 41 80 80 C0 00 0B 7F 00 41 80 80
```

　「61 73 6D」は ASCII で「asm」です。先頭が値 0 のバイトに「asm」が続く 4 バイトでこれが WebAssembly のモジュールであると識別できます。

　次の 4 バイト（01 00 00 00）はバージョンナンバーです。

```
00 61 73 6D 01 00 00 00 01 06 01 60 01 7F 01 7F
03 02 01 00 04 05 01 70 01 01 01 05 03 01 00 10
06 19 03 7F 01 41 80 80 C0 00 0B 7F 00 41 80 80
```

　この 4 バイトはリトルエンディアン（最下位のバイトから上位に向けて順にバイトが並ぶ）なので、これはバージョン 1 を表します。

　テキスト形式では、ここまでの部分は次のコードに相当します。

```
(module
```

7.2 セクション

ヘッダーの後ろには、セクションと呼ぶ一連の情報が続きます。

■セクションID

それぞれのセクションは、最初の1バイトがそのセクションのIDを表します。セクションはセクションIDの小さいものから順に続きます（カスタムセクションは最後になります）。

各セクションのIDは次の表に示す通りです（詳しくは後で説明します）。

表7.1●セクションのID

値（10進数）	意味
0	カスタムセクション
1	タイプセクション
2	インポートセクション
3	ファンクションセクション
4	テーブルセクション
5	メモリセクション
6	グローバルセクション
7	エクスポートセクション
8	スタートセクション
9	エレメントセクション
10	コードセクション
11	データセクション

先頭が0であるカスタムセクションを除いた他のセクションは、セクションIDのバイトの次にセクションの長さを表すバイトが続きます。この長さはLEB128（Little Endian Base 128）というフォーマットで、リトルエンディアンの可変長の値です。

Note

LEB128 は、下位 7 ビットを値の表現に使います。最上位ビット（MSB）は次のバイトに値が継続していれば 1、そうでなければ 0 です。例えば、`0000 0010`（02）というバイトがあると値は 2 ですが、例えば、`1000 0010`（82）というバイトがあると値は 2 で、この値は次のバイトの値（7 ビットの値に符号付きなら 64 または符号なしなら 128 倍した値）を加算します。LEB128 は WebAssembly のバイトコードの値の表記に幅広く使われています。

長さの後にはさらにセクションの内容が続きます。

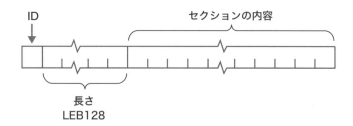

図7.2●各セクションの内容

■タイプセクション

ID が 1 のタイプセクションは関数の型情報を表します。このセクションは値が 01 のバイトに長さが続き、一連の関数型の情報が続きます。

関数型の情報は、先頭が `0x60` のバイトで、引数と戻り値の型が続きます。このときの型の値は次の通りです。

表7.2●型の値

値（16進数）	型
7F	i32
7E	i64
7D	f32
7C	f64

先ほど示した `main.wasm` の場合、次のようなタイプセクションがあります。

```
00 61 73 6D 01 00 00 00 01 06 01 60 01 7F 01 7F
03 02 01 00 04 05 01 70 01 01 01 05 03 01 00 10
06 19 03 7F 01 41 80 80 C0 00 0B 7F 00 41 80 80
```

最初の 01 はこれがタイプセクションであることを表しています。次の 06 は続く情報の長さです。

「01 7F」は関数の引数が 1 個でその値の型は 7F 型（i32）であることを表しています。さらに続く「01 7F」は関数の戻り値が 1 個でその値の型は 7F 型（i32）であることを表しています。

これはテキスト形式の次の部分に相当します。

```
(type (;0;) (func (param i32) (result i32)))
```

■インポートセクション

ID が 2 のインポートセクションは、インポートに関する情報（インポートモジュール、インポート名、種類、追加情報)を表します。Wasm でインポートできる種類は、関数(種類の値 0)、テーブル（1）、メモリ（2）、グローバル関数（3）です。

先ほど示した main.wasm の場合、ID が 02 であるインポートセクションはありません。

■ファンクションセクション

ID が 3 のファンクションセクションは、ID の 3 に続いて長さ、そして関数の個数と関数のタイプの情報を表します。

先ほど示した main.wasm の場合、ID が 3 である次のようなファンクションセクションがあります。

```
00 61 73 6D 01 00 00 00 01 06 01 60 01 7F 01 7F
03 02 01 00 04 05 01 70 01 01 01 05 03 01 00 10
06 19 03 7F 01 41 80 80 C0 00 0B 7F 00 41 80 80
```

　　ファンクションセクションの長さは 2 バイトで、関数の数は 1 個、関数のタイプのイ
ンデックスはゼロです。

　　この部分はテキスト形式では次の部分に相当します。

```
(func $twice (type 0) (param i32) (result i32)
```

■テーブルセクション

　　ID が 4 のテーブルセクションは、モジュールのテーブル要素を表すテーブルのベク
ターです。これは ID が 9 のエレメントセクションと共に「call_indirect tableidx
typeidx」に関連しています。詳しくは仕様を参照してください。

　　先ほど示した main.wasm の場合、ID が 4 である次のようなテーブルセクションがあり
ます。

```
00 61 73 6D 01 00 00 00 01 06 01 60 01 7F 01 7F
03 02 01 00 04 05 01 70 01 01 01 05 03 01 00 10
06 19 03 7F 01 41 80 80 C0 00 0B 7F 00 41 80 80
```

　　この部分はテキスト形式では次の部分に相当します。

```
(table (;0;) 1 1 funcref)
```

■メモリセクション

　　ID が 5 のメモリセクションは、そのモジュールが実行中に必要とするページ数の最小
値と必要に応じて最大値を表します（1 ページは 64 KB）。データは値が 5 の ID に続い
てサイズのバイトがあり、そのあとに最大／最小ページ数のいずれを表すのかを示す値
（0 は最小値だけ、1 は最小値と最大値）に続けて最小値と最大値が続きます。

　　先ほど示した main.wasm の場合、ID が 5 である次のようなファンクションセクション
があります。

```
00 61 73 6D 01 00 00 00 01 06 01 60 01 7F 01 7F
03 02 01 00 04 05 01 70 01 01 01 05 03 01 00 10
06 19 03 7F 01 41 80 80 C0 00 0B 7F 00 41 80 80
```

　ID が 5 のメモリセクションの長さは 3 バイトで、メモリの情報として 1（最小値と最大値）を示し、最小値は 0、最大値は 10（16 進数、10 進数では 16）であることを表しています。

　この部分はテキスト形式では次の部分に相当します。

```
(memory (;0;) 16)
```

■グローバルセクション

　ID が 6 のグローバルセクションは、内部の（インポートされたものは除く）グローバルメモリについての情報を表します。この情報は、値が 6 の ID に続いてサイズのバイトがあり、そのあとに変数の型、定数（0）か変数（1）を示す値と、メモリを初期化するためのコードが続きます。

　先ほど示した main.wasm の場合、ID が 6 であるセクションは長さが 16 進数で 19（10 進数で 25）で、変数の型が 7F（i32）である 3 つの global セクションが続きます。

```
00 61 73 6D 01 00 00 00 01 06 01 60 01 7F 01 7F
03 02 01 00 04 05 01 70 01 01 01 05 03 01 00 10
06 19 03 7F 01 41 80 80 C0 00 0B 7F 00 41 80 80
C0 00 0B 7F 00 41 80 80 C0 00 0B 07 2D 04 06 6D
65 6D 6F 72 79 02 00 05 74 77 69 63 65 00 00 0A
```

　この部分はテキスト形式では次の部分に相当します。

```
(global (;0;) (mut i32) (i32.const 1048576))
(global (;1;) i32 (i32.const 1048576))
(global (;2;) i32 (i32.const 1048576))
```

■エクスポートセクション

　IDが7のエクスポートセクションは、エクスポートに関する情報（エクスポートモジュール、エクスポート名、種類、追加情報）を表します。Wasmでエクスポートできる種類は、関数（種類の値0）、テーブル（1）、メモリ（2）、グローバル関数（3）です。

　先ほど示したmain.wasmの場合、IDが7である次のようなファンクションセクションがあります。

```
00 61 73 6D 01 00 00 00 01 06 01 60 01 7F 01 7F
03 02 01 00 04 05 01 70 01 01 01 05 03 01 00 10
06 19 03 7F 01 41 80 80 C0 00 0B 7F 00 41 80 80
C0 00 0B 7F 00 41 80 80 C0 00 0B 07 2D 04 06 6D
65 6D 6F 72 79 02 00 05 74 77 69 63 65 00 00 0A
5F 5F 64 61 74 61 5F 65 6E 64 03 01 0B 5F 5F 68
65 61 70 5F 62 61 73 65 03 02 0A 09 01 07 00 20
00 41 01 74 0B 00 0F 04 6E 61 6D 65 01 08 01 00
05 74 77 69 63 65
```

　長さは2D（10進数で458）であり、エクスポートするシンボルのひとつめは長さが6の「6D 65 6D 6F 72 79」はASCIIで「memory」であり、ふたつめは関数（0）で、長さが5の「74 77 69 63 65」（ASCIIでtwice）です。3番目は「5F 5F 64 61 74 61 5F 65 6E 64」（__data_end）、4番目は「5F 5F 68 65 61 70 5F 62 61 73 65」（__heap_base）です。

　この部分はテキスト形式では次の部分に相当します。

```
(export "memory" (memory 0))
(export "twice" (func $twice))
(export "__data_end" (global 1))
(export "__heap_base" (global 2)))
```

■スタートセクション

　IDが8のスタートセクションは開始関数（C言語のmainに相当する関数）のインデッ

クスだけを含みます。

　main.wasm の場合、IDが8であるセクションはありません。

■エレメントセクション

　IDが9のエレメントセクションは、「call_indirect tableidx typeidx」に関連しています。詳しくは仕様を参照してください。

　main.wasm の場合、IDが9であるセクションはありません。

■コードセクション

　IDが10（0xA）のコードセクションは長さに続いてコードに関する情報が続きます。

```
    ：　（6行省略）
65 61 70 5F 62 61 73 65 03 02 0A 09 01 07 00 20
00 41 01 74 0B 00 0F 04 6E 61 6D 65 01 08 01 00
05 74 77 69 63 65
```

　この場合、IDが10であるコードセクションは、コードセクションであることを表すAのバイトに続いて9バイトのコード情報が続きます（i32.const や i32.shl については付録B「アセンブリコード」参照）。

```
0A       コードセクション
09       長さが9バイト
01       ローカル変数が1
07       LocalsのNが7
00       変数の型が0（定数）
20 00    get_local $0（渡された値をスタックに保存する）
41 01    i32.const 1（1をスタックに保存する）
74       i32.shl（左にシフトする）
0B       コードの終わり
```

　この部分はテキスト形式では次の部分に相当します。

```
(i32.shl
    (local.get 0)
    (i32.const 1)))
```

■データセクションとカスタムセクション

IDが11（0xB）のデータセクションは、メモリの初期化情報を表します。

データセクションに続くカスタムセクションは、デバッグ情報、その他の情報を表します。

```
    ：　（6行省略）
65 61 70 5F 62 61 73 65 03 02 0A 09 01 07 00 20
00 41 01 74 0B 00 0F 04 6E 61 6D 65 01 08 01 00
05 74 77 69 63 65
```

付 録

インストールと設定のヒント

ここでは、WebAssembly を利用する際に使うコンパイラやその他のツールのインストールと設定のヒントを示します。

A.1 Rust のインストール

Rust の Web サイト（`https://www.rust-lang.org/ja/`）を開き、「インストール」を選択して、その環境に適した方法で Rust をインストールします。通常は Rust の Web サイトを開いた環境に応じて適切な指示が表示されます。

Rust は、stable（安定版）、beta（ベータ版）、nightly（開発版）の 3 種類が配布されています。特別な理由がない限り stable をインストールして使ってください（beta または nightly のインストールについては、「Rust をインストール」ページの「その他のインストール方法」を参照してください）。

インストールの方法は環境によって異なりますが、可能な限り rustup でインストールしたりアップデートする方法を推奨します。rustup を使うと、「rustup update」を実行することでアップデートすることができます。

インストールできたかどうかは、次のコマンドで Rust のコンパイラのバージョンを表示することで確認できます。

```
rustc -V
```

Rust をインストールしたにも関わらず rustc がないというメッセージが表示された場合は、Rust のコマンドをインストールした場所が環境変数 PATH に含まれているかどう

か調べてください。

　また、Windows 環境へのデフォルトインストールでは、Visual Studio または Visual Studio C++ Build tools のインストールが必要になる場合があります。前出の「その他のインストール方法」から、gnu コンパイラのセットを利用するインストーラーを入手することもできます。Linux など Unix 系 OS の環境では gnu の開発ツールをインストールする必要があります。

　Rust をインストールしたら、念のために Rust を更新します。

```
rustup update
```

さらに、WebAssembly 用にコンパイルするために、target を追加します。

```
rustup target add wasm32-unknown-unknown
```

これで Rust から WebAssembly のモジュールを生成することができるようになります。

A.2　EmscriptenSDK のインストール

以下のサイトの記述に従ってインストールします。

```
https://emscripten.org/docs/getting_started/downloads.html
```

以下に Windows の例を示します。

　まず、Python をインストールします。インストールする Python は Python 3.6 かそれより新しいものでなければなりません。

　Python のバージョンは Python のコマンドが python であるとすると「python -V」で調べることができます。

```
C:¥Users¥user>python -V
Python 3.7.3
```

　システムによっては、「python」の代わりに「py」や「python3」、「python3.7」など短縮形やバージョンを含めた名前を入力します。また、「bpython」、「bpython3」などでPythonを起動できる場合もあります。さらに、スタートメニューから「IDLE (Python xx)」を選択してPythonを使うことやコンソールからidleと入力してPythonを使うことができる場合もあります（インストールする環境とPythonのバージョンによって異なります）。

　Pythonをインストールしたら、Emscripten SDKをインストールします。

　まず、インストールしたいディレクトリに移動してから、次のコマンドを実行します。

```
$ git clone https://github.com/emscripten-core/emsdk.git
```

　例えば次のようになるでしょう。

```
C:¥Users¥user>git clone https://github.com/emscripten-core/emsdk.git
Cloning into 'emsdk'...
remote: Enumerating objects: 41, done.
remote: Counting objects: 100% (41/41), done.
remote: Compressing objects: 100% (36/36), done.
remote: Total 2699 (delta 19), reused 11 (delta 5), pack-reused 2658
Receiving objects: 100% (2699/2699), 1.40 MiB | 53.00 KiB/s, done.
Resolving deltas: 100% (1716/1716), done.
```

　インストールしたEmscripten SDKのディレクトリに移動します。

```
$ cd emsdk
```

　必要に応じて最新バージョンにアップデートします。

```
C:¥Users¥user¥emsdk>git pull
Already up to date.
```

　コマンド「emsdk install latest」を実行して最新の SDK ツールをダウンロードして
インストールします。

```
C:\Users\user\emsdk>emsdk install latest
Installing SDK 'sdk-releases-upstream-892030e（略）469a9471bda7dd-64bit'..
Installing tool 'node-14.15.5-64bit'..
　（略）
Done installing SDK 'sdk-releases-upstream-89202930（略）9a9471b0bda7dd-64bit'.

C:\Users\user\emsdk>
```

　インストールしたバージョンをアクティブにします。

```
C:\Users\user\emsdk>emsdk activate latest
Setting the following tools as active:
　node-14.15.5-64bit
　python-3.9.2-1-64bit
　java-8.152-64bit
　releases-upstream-89202930a98fe7f9ed59b574469a9471b0bda7dd-64bit
　（略）
```

　「emsdk_env.bat」を実行して現在のターミナル（コマンドプロンプト）の環境変数を
設定します。

```
C:\Users\user\emsdk>emsdk_env.bat
```

　更新するときは次の手順で行います。

（1）ツールの最新のレジストリーを取得する。

```
C:\Users\user\emsdk>emsdk update
```

付録

（2）最新の SDK ツールをダウンロードしてインストールする。

```
C:¥Users¥user¥emsdk>emsdk install latest
```

（3）最新の SDK をアクティブにする。

```
C:¥Users¥user¥emsdk>emsdk activate latest
```

（4）現在のターミナルの環境変数を設定する。

```
C:¥Users¥user¥emsdk>emsdk_env.bat
```

■ emsdk のパスの設定

　インストールしたコンソールを閉じてから以降の作業をする場合は、新しく開いたコンソールで「source ./emsdk_env.sh」または「emsdk_env.bat」（Windows の場合）を実行してそのコンソールの環境変数を設定します。

```
C:¥Users¥notes>cd emsdk

C:¥Users¥notes¥emsdk>emsdk_env.bat
C:¥Users¥notes¥emsdk¥emsdk_env.bat
```

　Linux などの UNIX 系 OS の場合は下記のようにします。

```
$ cd emsdk
$ source emsdk_env.sh
```

A.3　AssemblyScript のインストール

　AssemblyScript をインストールするには、npm がインストールされている環境で npm コマンドを使います。

　「Emscripten SDK のインストール」で Emscripten SDK をインストールして環境設定されていれば npm が使えるはずです。

　次のコマンドを実行して AssemblyScript をインストールします。

```
% npm install -g assemblyscript
```

　インストールしたら、「asc -v」でバージョンを確認します。

```
$ asc -v
Version 0.18.18
```

A.4　TypeScript のインストール

　TypeScript をインストールするには、npm がインストールされている環境で npm コマンドを使います。

　「Emscripten SDK のインストール」で Emscripten SDK をインストールして環境設定されていれば npm が使えるはずです。

　次のコマンドを実行して TypeScript をインストールします。

```
$ npm install -g typescript
```

インストールしたら、「tsc -v」でバージョンを確認します。

```
$ tsc -v
Version 4.2.3
```

A.5　WABTのインストール

WABT（The WebAssembly Binary Toolkit）は以下のサイトからダウンロードできます。

　https://github.com/WebAssembly/wabt

WABTの実行可能なバイナリは以下のサイトからダウンロードできます。

　https://github.com/WebAssembly/wabt/releases

付録 B　アセンブリコード

ここでは、WebAssembly の主なリニアアセンブリバイトコードを紹介します。すべての情報は以下の仕様を参照してください。

https://webassembly.github.io/spec/core/binary/instructions.html

■ リニアアセンブリバイトコード

リニアアセンブリバイトコード（Linear Assembly Bytecode、LAB）は、命令コードを人間が理解しやすい表現にしたものです（一般のアセンブリ言語のニモニックにほぼ相当します）。

WebAssembly のリニアアセンブリバイトコードは、データ型のプリフィクスが付きます。たとえば、32 ビット整数の加算は i32.add、64 ビット整数の加算は i64.add、32 ビット浮動小数点数の加算は f32.add、64 ビット浮動小数点数の加算は f64.add です。

以下の表に WebAssembly の主な命令（数値の演算は 32 ビット整数の命令）を中心に WebAssembly の主なリニアアセンブリバイトコードとその値を示します。データ型のプリフィクスが付く場合は原則として i32（符号付き整数）に代表させています。詳細は仕様書を参照してください。

表B.1 ● WebAssemblyの主なリニアアセンブリバイトコード

値	LAB	意味
0x00	unreachable	到達不能な命令
0x01	nop	なにもしない
0x0B	end	コードの実行を終了
0x0C	br	無条件分岐する
0x0D	br_if	条件分岐する
0x0E	br_table	ラベルのベクターのインデックスを通して分岐する

付録

値	LAB	意味
0x0F	return	呼び出し元に戻る
0x10	call	call xでxを呼び出す（xは関数インデックス）
0x11	call_indirect	call_indirect x yでy:typeidx、x:tableidxの関数を呼び出す（if x≧0）
0x1B	select	スタックの最上位が0であるかどうかで2番目か3番目の値を選択する。
0x20	get_local	渡された値をスタックに保存する
0x21	set_local	スタックの値を渡す
0x41	i32.const	32ビット整数の定数
0x42	i64.const	64ビット整数の定数
0x43	f32.const	32ビット浮動小数点数の定数
0x44	f64.const	64ビット浮動小数点数の定数
0x45	i32.eqz	同じかゼロ
0x46	i32.eq	同じ
0x47	i32.ne	同じでない
0x48	i32.lt_s	より小さい（符号付き）
0x49	i32.lt_u	より小さい（符号なし）
0x4A	i32.gt_s	より大きい（符号付き）
0x4B	i32.gt_u	より大きい（符号なし）
0x6A	i32.add	加算（add）
0x6B	i32.sub	減算（subtract）
0x6C	i32.mul	乗算（multiply）
0x6D	i32.div_s	符号付き除算（divide）
0x6E	i32.div_u	符号なし除算（divide）
0x71	i32.and	AND
0x72	i32.or	OR
0x73	i32.xor	XOR
0x74	i32.shl	左にシフトする
0x75	i32.shr_s	右にシフトする（符号付き）
0x76	i32.shr_u	右にシフトする（符号なし）
0x77	i32.rotl	左に回転する
0x78	i32.rotr	右に回転する

　　WebAssembly の数値のデータ型は、i32、i64、f32、f64 の 4 種類なので、たとえば i32.eq のほかに i64.eq、f32.eq、f64.eq があり、それぞれのコードの値は異なります（WebAssembly のドキュメント「Binary Format」を参照してください）。

トラブル対策

ここでは、よくあるトラブルとその対策を概説します。

C.1　ビルドのトラブル

ここでは WebAssembly のバイナリファイルを生成する際の問題とその対処方法について説明します。

■コマンドが実行できない

- WebAssembly のバイナリファイルを生成する際などのコマンドが実行できないか、コマンドが存在しないと報告される場合は、環境変数 PATH にそのコマンドがあるディレクトリを追加してください。
- 環境変数を設定するシェルファイルまたはバッチファイルをターミナル（コマンドプロンプトウィンドウ）で実行して環境変数を設定した場合、設定はそのウィンドウの中だけで有効である場合があります。ターミナルをいったん閉じたり、ほかのターミナルウィンドウを開いたときには環境変数が適切に設定されていない場合があります。
- WebAssembly Studio でビルドできない
  ソースコードになんらかの間違いがあるか、設定ファイルを変更している場合は設定に間違いがあります。

C.2 実行時のトラブル

ここでは、プログラム実行時の問題とその対処について説明します。

■ WebAssembly の結果が表示されない

- Web ブラウザの種類やバージョンを確認してください。一部の Web ブラウザや古いバージョンの Web ブラウザは WebAssembly をサポートしていません。
- HTML ファイルをローカルで Web ブラウザに表示をしても WebAssembly は実行されません。必ず Web サーバーを経由させて表示してください。

■変更が反映されない

- Web ブラウザのキャッシュをクリアしてください。

■期待したように結果が表示されない

- WebAssembly のバイナリファイル（.wasm）と JavaScript を記述した HTML ファイル（.html）は Web サーバーの公開ドキュメントのディレクトリに保存します。
  HTML を保存する Web サーバーの典型的なディレクトリは次の通りです（これとは異なる場合もあり、また設定により変更できます）。

表C.1 ●HTML/PHPを保存するWebサーバーの典型的なディレクトリ

システム	典型的なディレクトリ
Windows/Apache	C:\Apache24\htdocs
Windows/IIS	C:\inetpub\wwwroot
Windows/XAMPP	C:\xampp\htdocs
Linux/Apache	/var/www/html

- WebAssembly モジュール（.wasm）ファイルの名前や保存場所が間違っているなどの原因でコードを実行できていない可能性があります。

付録

● WebAssembly 自体が発展途上であること、開発ツールなどベータ版やバージョンが若くて必ずしも完全でないことから、必ずしも常に正しい結果が得られるとは限りません。バージョンを更新してみたり、他のツールを利用するなどの工夫が必要になる場合があります。

hdump

　ここではバイナリファイルの内容を16進数で表示する単純なC言語によるプログラムの例を示します。

　なお、Linuxなど UNIX系 OS では xxd コマンドや hd コマンドを使うことができます。

リストD.1 ● hdump.c

```c
/*
 * hdump.c
 */
#include <stdio.h>
#include <stdlib.h>

int main(int argc, char** argv) {
    int c, i;
    FILE* fp;

    if (argc < 2) {
        printf("Usage:\nhdump filename\n");
        return -1;
    }

    if (NULL == (fp = fopen(argv[1], "rb"))) {
        fprintf(stderr, "File [%s] can't open\n", argv[1]);
        exit(1);
    }

    for (i = 1; (c = getc(fp)) != EOF; i++) {
        printf("%02X ", 0xFF & c);
        if (i % 16 == 0)
            printf("\n");
```

付録

```
    }

    fclose(fp);

    return 0;
}
```

参考リソース

- WebAssembly
  https://webassembly.org/
  https://www.w3.org/community/webassembly/

- WebAssembly 仕様
  https://www.w3.org/TR/wasm-core-1/
  https://webassembly.github.io/spec/core/index.html

- WebAssembly バイナリフォーマット仕様
  https://webassembly.github.io/spec/core/binary/index.html

- Emscripten
  https://emscripten.org/

- WebAssembly Studio
  https://webassembly.studio/

- WebAssembly testenv
  https://fukuno.jig.jp/app/wasm/testenv/

- LLVM
  https://llvm.org/

- Rust
  https://www.rust-lang.org/ja/

- AssemblyScript
  https://www.assemblyscript.org/

- WABT（The WebAssembly Binary Toolkit）
  https://github.com/WebAssembly/wabt

- WebAPI
  https://developer.mozilla.org/ja/docs/Web/API

- Node.js
  https://nodejs.org/

索 引

■ 著者プロフィール

日向 俊二（ひゅうが・しゅんじ）

フリーのソフトウェアエンジニア・ライター。

前世紀の中ごろにこの世に出現し、FORTRAN や C、BASIC でプログラミングを始め、その後、主にプログラミング言語とプログラミング分野での著作、翻訳、監修などを精力的に行う。わかりやすい解説が好評で、現在までに、C#、C/C++、Java、Visual Basic、XML、アセンブラ、コンピュータサイエンス、暗号などに関する著書・訳書多数。

より速く強力な Web アプリ実現のための
WebAssembly ガイドブック

2021 年 8 月 10 日　　初版第 1 刷発行

著　者	日向 俊二
発行人	石塚 勝敏
発　行	株式会社 カットシステム
	〒 169-0073 東京都新宿区百人町 4-9-7　新宿ユーエストビル 8F
	TEL （03）5348-3850　　FAX （03）5348-3851
	URL　https://www.cutt.co.jp/
	振替　00130-6-17174
印　刷	シナノ書籍印刷 株式会社

本書に関するご意見、ご質問は小社出版部宛まで文書か、sales@cutt.co.jp 宛に e-mail でお送りください。電話によるお問い合わせはご遠慮ください。また、本書の内容を超えるご質問にはお答えできませんので、あらかじめご了承ください。

Cover design　Y.Yamaguchi　　© 2021 日向 俊二

Printed in Japan　ISBN978-4-87783-488-3